体验式阅读经典书系

世界之最

发现植物

FAXIAN ZHIWU

梦琳 主编

U0302161

知识出版社

前言
FORWORD

　　《世界之最》指的是在全世界范围内最不同凡响的人、事、物。本丛书将分别为你讲述自然、人体、动物、植物四个领域中最特别的故事和发现。

　　哪座山峰最高？哪条河流最长？哪里的冬天最冷？哪里的黑夜最长？《探索自然》将为你展现高山深谷、赤道两极的万千气象，带你走向广袤而神奇的大自然。

　　哪块肌肉最有力？哪块骨骼最坚硬？什么器官最复杂？什么组织最敏感？《探索人体》将为你介绍五脏六腑、眼耳口鼻的日常工作，带你重新认识熟悉而陌生的身体。

　　什么鸟飞得最高？什么鱼游得最快？哪种动物最团结？哪种动物最懒惰？《发现动物》将为你重现飞禽走兽、蛇虫鼠蚁的生活图景，带你与活泼可爱的动物们尽情嬉戏。

　　什么树寿命最长？什么花花期最短？哪种植物最长寿？哪种植物最守时？《发现植物》将为你描绘红花绿树、枯藤小草的芳姿倩影，带你与千姿百态的植物们零距离接触。

　　别致有趣、包罗万象的问题，轻松活泼、深入浅出的讲解，形象直观、色彩鲜艳的插图，相信本丛书一定能让你手不释卷，在快乐中收获新的知识。

CONTENTS

目 录

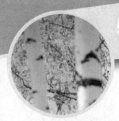

乔木和灌木

草和藤

花　朵

CONTENTS

果实和种子

其 他

体积最大的
树是什么？

jù shān sú chēng shì jiè yé qí gāo dù yuē wéi mǐ zhí
巨杉俗称世界爷，其高度约为100米，直

jìng yuē wéi mǐ shì xiàn cún zhí wù zhōng zuì páng dà de yì zhǒng jù
径约为10米，是现存植物中最庞大的一种。巨

shān shēng zhǎng sù dù kuài shù líng fēi cháng cháng yī kào zhǒng zi fán zhí
杉生长速度快，树龄非常长，依靠种子繁殖

hòu dài yòu miáo yì shēng bìng hài měi guó jiā zhōu de hóng shān shù guó
后代，幼苗易生病害。美国加州的红杉树国

家公园中生长着一棵名叫"谢尔曼将军"的巨杉，已超过3 000年树龄，它的高度约为83米，底部直径约为11米，体积约为1 487立方米，20多个成年人手拉手才能把它围起来，它是世界上体积最大的树。

趣味问答

巨杉的种子是不是特别大？

巨杉的体型虽大，种子却很小。一颗巨杉种子的重量仅为4.72毫克，长成参天大树后，它的重量大约增加了13 000亿倍。

知识链接

巨杉是一种杉科植物。早在三叠纪，杉科植物就出现在地球上了；到了白垩纪，它们已经广泛分布于北半球的各个区域。现存的杉科植物都是珍贵的孑遗植物。

身边的现象

巨杉的木材脆性较大，容易开裂，因此不适合做建筑材料。人们通常用巨杉的木材来制造矿柱、包装箱板、纸浆、栅栏或火柴棒。

tiě huà shù zhǔ yào fēn bù zài cháo xiǎn nán bù jí é luó sī dōng
铁桦树主要分布在朝鲜南部及俄罗斯东

bù qí gāo dù yuē wéi mǐ shù gàn zhí jìng yuē wéi lí
部，其高度约为20米，树干直径约为70厘

mǐ shòu mìng yuē nián tiě huà shù de yìng dù yuē wéi xiàng
米，寿命约300~500年。铁桦树的硬度约为橡

shù de sān bèi pǔ tōng gāng tiě de yí bèi lián zǐ dàn yě wú fǎ dòng
树的三倍、普通钢铁的一倍，连子弹也无法洞

chuān kān chēng shì jiè shang zuì yìng de mù cái yóu yú zhì dì jí wéi
穿，堪称世界上最硬的木材。由于质地极为

树干最硬的
树是什么？

致密，铁桦树一旦入水就会下沉；更为奇特的是，即使被长期浸泡在水里，它的内部仍能保持干燥，因此人们常把铁桦树作为金属的代用品。苏联曾用铁桦树制造滚球、轴承，在快艇上使用。

仔细观察

铁桦树是落叶乔木，花单性，雌雄同株；果实为坚果，两侧具膜质翅；树叶呈椭圆形；树皮呈暗红色或接近黑色，表面密布白色斑点。

资料库

桦木科的植物大多具有较高的经济价值，其木材可加工为建筑材料，也可用于制造家具和农具，种子可以食用或榨油。白桦、黑桦、糙皮桦、亮叶桦都是桦木科的常见树种。

趣味问答

铁桦树的身体为什么特别坚硬？

铁桦树喜欢从土壤中吸收硅元素，体内的硅元素很高，所以特别坚硬。

树冠最大的树是什么?

rén men cháng shuō 人们常说dú mù bù chéng lín"独木不成林",róng shù què shì gè榕树却是个

lì wài例外。róng shù shì sāng kē de cháng lù dà qiáo mù榕树是桑科的常绿大乔木,zhǔ yào fēn bù主要分布

yú rè dài hé yà rè dài dì qū于热带和亚热带地区。mèng jiā lā guó de rè dài yǔ lín孟加拉国的热带雨林

zhōng shēng zhǎng zhe yì kē dà róng shù中生长着一棵大榕树,shù zhī xiàng xià shēng zhǎng de chuí树枝向下生长的垂

guà qì gēn duō dá 4 000 余
挂气根多达4 000余
tiáo qì gēn luò dì rù tǔ hòu
条。气根落地入土后
chéng wéi zhī zhù gēn zhù gēn
成为支柱根，柱根
xiāng lián zhù zhī xiāng tuō zhī
相连，柱枝相托，枝
yè kuò zhǎn xíng chéng le zhē tiān
叶扩展，形成了遮天
bì rì dú mù chéng lín de qí
蔽日、独木成林的奇
guān qí shù guān de tóu yǐng miàn
观。其树冠的投影面
jī chāo guò wàn píng fāng mǐ
积超过1万平方米，
néng róng nà shù qiān rén zài shù xià
能容纳数千人在树下
duǒ bì jiāo yáng kān chēng shì jiè
躲避骄阳，堪称世界
shàng zuì dà de shù guān
上最大的树冠。

趣味问答

福州为什么被称为榕城？

东晋时，福州太守张伯玉曾号召当地居民大量种植榕树，形成了"暑不张盖，绿荫满城"的景观，自此福州就有了"榕城"的雅号。

名词解释

气根是由植物茎上发出、生长在地面以上、暴露在空气中的不定根，通常能起到从空气中吸收水分或支撑植物体向上生长的作用。许多木本植物和多年生草本植物都有气根。

资料库

在我国，人们常将榕树种植在花盆中，通过修剪、整枝、吊扎、嫁接等方式长期控制其生长发育，使其成为造型奇特、姿态美观的榕树盆景。

最长寿的树是什么？

龙血树原产于非洲西部的加那利群岛，主要生长在热带森林中。龙血树是一种常绿乔木，全世界共有150多种，其高度为10~20米，主干异常粗壮，直径达1米以上。1868年，著名地理学家洪堡德在非洲俄尔他岛考察时，发现了一棵被风暴折断了枝杈的龙血树。这棵树高约18米，主干直径接近5米；根据年轮推断，它的年龄至少有8 000岁，堪称世界上最长寿的植物。

趣味问答

为什么龙血树又叫不才树？

龙血树材质疏松，树身中空，枝干上都是窟窿，不能做栋梁；烧火时只冒烟不起火，又不能当柴火，因此被人们戏称为"不才树"。

龙血树是一种百合科植物，它的生长速度十分缓慢，几百年才长成一棵树，几十年才开一次花，因此十分珍贵。龙血树茎中的薄壁细胞能够不断分裂，使茎逐年加粗。

龙血树受伤后会流出暗红色的树脂，看起来像在流血一样。这种树脂是有名的天然防腐剂，古代人曾用它来保存尸体，现在人们则把它作为油漆的原料。

趣味问答

松树的名字是怎么来的?

松树为轮状分枝，节间长，小枝比较细弱平直或略向下弯曲，针叶细长成束，树冠看起来十分蓬松，因此被称为"松树"。

什么树
生命力最强?

全世界约有230余种松树，多数分布于北半球，我国就有115种之多。松树堪称生命力最顽强的树：生长在海南岛的南亚松能耐50℃的高温；生长在东北的红松能耐-60℃的严寒；湿地松能在12级的台风中挺立不倒。马尾松是松树家族中的"造林先锋"。马尾松又名青松，高约40米，直径约为2米，因针叶丛生如马尾而得名。其幼苗生长速度很快，一旦郁闭成林，不到几年就能成为松涛震耳、碧波似海的松林。

✏️ 知识链接

松树的寿命很长，在我国，人们常用"寿比南山不老松"表达对老人的祝福。广西省贵县南山寺殿后的峭壁上生长着一棵树龄超过3 000年的松树，它是我国年龄最大的松树。

🎨 名词解释

松香是以松树的松脂为原料加工而成的非挥发性天然树脂。松香是重要的化工原料，被广泛应用于肥皂、造纸、油漆、橡胶等行业。

趣味问答

为什么纺锤树又叫瓶子树？

旱季到来时，纺锤树的叶子会迅速脱落，红色的花则会纷纷开放。这时的纺锤树看起来就像插满了花的大花瓶一样，因此又被人们称为"瓶子树"。

贮水本领最强的
树是什儿？

在南美洲的巴西高原上生长着一种身材高大、体形奇特的树。它最高可达30米，两头尖细，中间膨大，最粗的地方直径可达5米，看起来就像巨大的纺锤一样，因此被人们称为"纺锤树"。纺锤树是世界上贮水能力最强的树，它们的根系特别发达，能在雨季大量吸收水分，并把水分贮存在树干里。一棵纺锤树体内能贮存超过2吨的水，因此在漫长的旱季中也不会干枯而死。

名词解释

纺锤树是一种木棉科植物。木棉科植物共有180种，广泛分布于热带地区。木棉科植物均为乔木或灌木，花通常大而美丽，木棉、榴梿、轻木及猴面包树均为该科常见树种。

知识链接

巴西北部炎热多雨，为热带雨林地区；南部和东部气候干旱，为稀树草原地区。纺锤树就生活在这个中间地带，那里既有雨季也有旱季，但雨季较短。

趣味问答

银杏树为什么又叫公孙树？

银杏树的生长速度很慢，从栽种到初次结果要20多年，40年后才能大量结果，可以说"公种而孙得食"，因此又被称为"公孙树"。

现存最古老的
树是什么？

银杏树是我国特有的珍贵树种，它们生长于亚热带季风区海拔500~1 000米的天然林中，常与柳杉、榧树、蓝果树等针、阔叶树种混生。银杏喜欢适当湿润而排水良好的深厚土壤，在酸性土和石灰性土中均能正常生长。早在几亿年前，银杏树就出现在地球上，它们是第四纪冰川运动后遗留下来最古老的裸子植物，被人们誉为植物界的"活化石"。

📝 知识链接

银杏的果实叫作白果。白果又名鸭脚子、灵眼、佛指柑，长约1.5~2.5厘米，宽1~2厘米，表面呈黄白色或淡黄棕色。白果果仁营养丰富，具有较高的食疗价值和医疗价值，但其有毒，不能随便食用。

🐾 名词解释

银杏树是一种子遗植物。子遗植物也称"活化石植物"，指的是过去分布比较广泛，而现在仅存在于少数地区的古老植物。银杏、水杉、珙桐都是我国特有的子遗植物。

最甜的树是什么？

táng qì shì yì zhǒng luò yè qiáo mù　　gāo　　　mǐ　guān
糖槭是一种落叶乔木，高12~24米，冠

fú kě dá　　　　mǐ　zhí lì shēng zhǎng　　shù xíng wéi luǎn yuán xíng
幅可达9~15米；直立生长，树形为卵圆形。

táng qì yuán chǎn yú běi měi zhōu　　wǒ guó dōng běi　　huá dōng　　huá nán
糖槭原产于北美洲，我国东北、华东、华南

dì qū jūn yǒu yǐn zhòng zāi péi　　táng qì kān chēng shì jiè shang zuì tián de
地区均有引种栽培。糖槭堪称世界上最甜的

趣味问答

为什么人们要在3~4月采集糖槭的树液？

采集糖槭的树液需要适宜的气温，只有夜间温度在0℃以下、日间温度在5℃以上时树液才会源源不断地流出来，因此人们常在3~4月采集树液。

树，它的树干中流出的液汁为无色易流动的溶液，含有大量糖分，可用于制糖。糖槭树汁熬制而成的糖叫作枫糖或槭糖，它的甜度没有蜂蜜和白砂糖高，但钙、镁和有机酸含量却比其他糖类高很多。

仔细观察

糖槭幼树直立生长，随着树龄的增长，树冠逐渐敞开呈圆形，树势雄伟、典雅；幼树树皮光滑，呈棕灰色，长大后则会变得很粗糙；叶子呈绿色，秋季会变为黄色、金黄色或橘红色。

身边的现象

糖槭是一种槭树科植物。槭树科植物中有很多是世界闻名的观赏树种，常被人们称为枫树，它们的叶子到了秋天就会逐渐变为鲜艳的红色、橘色或黄色，十分美丽。

叶子最少的
树是什儿？

趣味问答

光棍树能在潮湿的地方
生长吗？

光棍树能在潮湿的地方生
长。在温暖潮湿的地方，它们
就会长出一些小叶片以增加水
分的蒸发量，保持体内的水分
平衡。

非洲生长着一种奇特的树，整棵树不长叶不开花，它的树枝光秃秃的，看起来像棍子一样，人们形象地称之为"光棍树"，堪称世界上叶子最少的树。光棍树的枝条中含有大量叶绿素，能代替叶子进行光合作用，制造生长所需的养分。其实光棍树也有叶子，只是非常小，脱落得又很快，不容易被人们看到。光棍树的怪模样是适应环境的结果，它的故乡气候炎热，干旱少雨，没有叶子可以大幅减少体内水分的蒸发。

✎ 知识链接

除了水分，光棍树的枝条中还含有有毒的乳白色汁液，具有防止病虫害的作用。这种汁液接触皮肤会引起过敏，使皮肤红肿，因此我们在观赏或栽种光棍树时一定要注意安全。

🖱 身边的现象

光棍树的汁液中含有大量碳氢化合物，可用于提取燃料。由于耐旱、耐盐、耐风，光棍树常被作为防风林或美化树种种植在海边。

叶子最长的树是什么？

zōng lú shì yì zhǒng cháng lù qiáo mù　　yuán chǎn yú fēi zhōu xī
棕榈是一种常绿乔木，原产于非洲西

bù　xiàn zài shì jiè gè dì jūn yǒu zāi péi　zōng lú shì shì jiè shang
部，现在世界各地均有栽培。棕榈是世界上

zuì nài hán de zōng lú kē zhí wù zhī yī　　zài wǒ guó chú xī zàng wài
最耐寒的棕榈科植物之一，在我国除西藏外，

qín lǐng yǐ nán dì qū jūn yǒu fēn bù　zōng lú de zhǔ gàn chéng yuán zhù
秦岭以南地区均有分布。棕榈的主干呈圆柱

形，粗壮挺立，不分枝；叶簇生于茎顶，向外展开；叶柄坚硬，叶片近似圆状，表面有许多皱褶，呈掌状分裂，有30~50个裂片。生长在南美洲的亚马孙棕榈拥有树木中最长的叶子，它的一片叶子加上叶柄长度可达24米。

趣味问答

棕榈都有哪些亲戚？

棕榈是棕榈科的植物，我们身边常见的刺葵、蒲葵、椰子、水椰、桄榔、槟榔都是棕榈科的成员。

身边的现象

棕榈树势挺拔，叶色葱茏，适于四季观赏，常被用于庭院、公园、道路的绿化；棕榈纤维可加工成绳索、棕衣、棕垫等日用品；根部经过加工可入药；棕叶可用于制作扇子等工艺品。

名词解释

油棕是棕榈家族的一员，它结出的果实含有大量油脂，可用于榨取棕榈油。棕榈油经过精炼分提可以得到不同熔点的产品，分别在餐饮业、食品工业和油脂化工业中被广泛使用。

精子最大的树是什么？

苏铁俗称"铁树"，是一种雌雄异株的常绿灌木，茎干都比较粗壮，有的株高可达8米；茎的顶部生有羽状叶，形似棕榈，叶缘显著反卷，叶背有茸毛。生物的雄性生殖细胞叫精子，苏铁的精子长度可达0.3毫米，是所有生物中体积最大的精子，视力好的人用肉眼就能看见它。

苏铁精子形状像陀螺，前端有许多鞭毛，能够在花粉管内的液体中自由游动。

趣味问答

苏铁为什么又叫铁树？

苏铁俗称铁树，一说是因其木质密实，沉重如铁，入水即沉，另一说是因其需要吸收大量铁元素，才能正常生长。

✏️ **知识链接**

苏铁喜欢暖热湿润的环境，不耐寒冷，生长缓慢，寿命约为200年。生长在我国长江流域及北方地区的苏铁大多终生不开花，因此人们常用"铁树开花"来比喻罕见的事。

🦖 **名词解释**

苏铁是一种古老的裸子植物。裸子植物是地球上最早用种子繁殖后代的植物，它们最早出现在古生代，到了中生代已发展成为陆地上的主要植物，踪迹遍布全球。

趣味问答

猴面包树和猴子有什公关系？

猴面包树的果实大如足球，甘甜多汁，是猴子的美食；果实成熟时，常有猴子成群结队地爬上树摘果子吃，因此人们把它叫作"猴面包树"。

最粗的

药用树是什么？

生长在非洲热带草原上的猴面包树又叫波巴布树、猢狲木或酸瓠树，属大型落叶乔木。它的高度只有10多米，直径却能达到12米，40个成年人手拉手才能把它围住。猴面包树是世界上最粗的药用树，其树叶、树皮和果实不但可以食用，还可以入药，具有养胃利胆、清热消肿、止血止泻等功效。直到现在，当地人还经常将其树叶和果实中的浆液作为消炎药使用。

✎ 知识链接

　　猴面包树的木质非常疏松，有利于储水。到了旱季，猴面包树的叶子都会迅速掉光，减少水分蒸发；到了雨季，它们则会用粗大的身躯代替根系，像海绵一样吸收大量水分。

🖱 身边的现象

　　在非洲旅行时，如果口渴了，只要用小刀在猴面包树的树干上挖一个洞，就会有可以饮用的水流出来，因此有许多旅行者说"猴面包树与生命同在"。

趣味问答

为什么栓皮栎被剥皮后不会死？

树木生长所需的水分和养分是依靠木质部和韧皮部来运输的，人们从栓皮栎上剥下的树皮是韧皮部外的木栓层，因此并不会影响它们的生长。

最不爱"面子"的树是什么？

人们常说"人要脸，树要皮"，很多树木在被剥掉树皮后由于切断了水分和养料的供应，很快就会枯死。不过，却也有一种不怕剥皮的树，它们的树皮被剥掉后不但不会枯死，几年后还能长出新的树皮，堪称最不爱"面子"的树，这就是常绿乔木栓皮栎。栓皮栎的树皮叫作栓皮，也叫软木，其质地轻软，富有弹性，不透气、不透水、不传热、不导电，可用于制造地板、瓶塞及各类工艺品。

知识链接

栓皮栎生长速度缓慢，树皮每年只能生长2毫米，通常在种植20年后才能进行首次采剥。首次采剥后，需隔5~9年才能再进行第二次采剥。

资料库

栓皮栎树皮被剥下来后需要在露天堆场放置半年左右才能进行加工处理。经过风吹、日晒和雨淋，栓皮栎树皮的颜色会明显变深，内部构造则会变得更为密实。

趣味问答

茶树菇和茶树有什么关系?

　　茶树菇是一种营养价值很高的食用菌,因为在自然条件下大多生长在腐朽的茶树根部或周围而得名。

最古老的
饮料植物是什儿?

茶又叫茗，是世界上最古老的饮料植物，它与可可、咖啡并称世界三大饮料植物。茶起源于中国，大量历史文献表明，中国是世界上最早种茶、制茶、饮茶的国家，早在石器时代就有饮茶的习惯。茶树栽培已有几千年历史。云南省普洱县生长着一棵号称"茶树王"的古茶树，它的年龄约为1 700岁，是现存最古老的茶树。唐朝陆羽的《茶经》，是世界第一部关于茶的科学专著。

知识链接

我国的茶叶种类繁多，西湖龙井、洞庭碧螺春、黄山毛峰、庐山云雾、六安瓜片、君山银针、信阳毛尖、武夷岩茶、安溪铁观音、祁门红茶是我国的十大名茶。

资料库

茶叶中不但含有丰富的维生素和矿物质，还含有许多具有医药价值的成分，其中包括有消炎抗菌作用的单宁和有兴奋中枢神经系统、利尿、降低胆固醇和防止动脉粥样硬化等作用的茶碱。

什么树 最耐热？

趣味问答

森林火灾有哪些危害？

森林火灾不仅会烧死、烧伤林木，还会严重破坏森林结构和森林环境，导致森林生态系统失去平衡，森林生物量下降，益兽益鸟减少。

我们经常能在森林中看到"禁止烟火"的警示牌，这是因为树木容易着火，一点火星就能让大片森林毁于一旦。不过凡事都有例外，生长在我国南海一带的海松就是一种不怕火的树。海松木质坚硬，非常耐热，散热能力也很强。以海松为原料制作的烟斗，成年累月地受到烟熏火烧也不会损坏；把一根头发缠在烟斗柄上，用火柴去烧，头发不会被烧断。海松耐高温的能力是在漫长的进化过程中逐渐形成的。

知识链接

森林火灾是指失去人为控制，在森林中自由蔓延和扩展的火灾，它是一种突发性强、破坏力大、处置较为困难的自然灾害。

身边的现象

非洲生长着一种叫作樟柯的树，它的枝杈间长着许多节苞，节苞表面布满了小孔，里面储存着灭火能力很强的液体。樟柯一遇到火光就会从节苞中喷出液体灭火，因此有"灭火树"的别称。

白桦是一种落叶乔木，树干高度可达25米，胸径可达50厘米；白桦树皮因含有大量白色的桦皮脑而呈白色，容易分层剥落，剥落下来的树皮像硬质的纸张一样，可以用来写字画画。在俄罗斯，人们会把情书写在白桦

最耐寒的树是什儿？

树皮上寄给远方的恋人，因此白桦常被作为爱情的象征。白桦是世界上最耐寒的树种之一，能忍受–50℃以下的低温，因此能在许多树种难以生存的西伯利亚和我国东北的大、小兴安岭及长白山生长。

名词解释

顾名思义，耐寒植物就是能够忍受严寒，在低温环境中正常生长的植物。耐寒植物主要分布于南北两极及世界各地的高原地区，雪松、白桦、银杏都是常见的耐寒植物。

知识链接

白桦的树干可用于制造胶合板和矿柱；树皮可用于提取白桦油，作为化妆品香料使用；白桦树汁是很好的利尿剂，内服可治疗膀胱和肾脏疾病。

趣味问答

白桦的树皮为什么会自然剥落？

白桦可以通过脱皮去除树干上的害虫或虫卵。白桦最外层的树皮不承担运输养分的功能，自然剥落并不会影响它们的正常生长。

竹子是草本植物还是木本植物？

　　竹子虽然能长得像乔木一样高大，却是一种禾本科的草本植物，我们常吃的水稻和小麦都是竹子的近亲。

纵向生长最快的
植物是什么？

毛竹是纵向生长速度最快的植物，它们只要两个月时间，就能从竹笋长成20米高的竹子，高度大约相当于6~7层的楼房；生长速度最快的时候，一昼夜就能长高1米，因此人们常用"雨后春笋"来比喻快速涌现的新生事物。毛竹的生长速度之所以特别快，是因为它们的每个竹节都能长长，而其他树木只有幼嫩的芽尖部分能够逐渐加粗、伸长，生长速度自然比毛竹慢得多。

名词解释

竹子细长的地下茎叫作竹鞭；竹鞭上有节，节上生根，这种根叫作鞭根；节的侧面生芽，有的芽会发育成竹笋破土而出，有的芽则会发育成新的竹鞭。

身边的现象

竹子不像其他有花植物那样每年开花结果，因此很多人误以为竹子不开花。其实竹子是有花植物，生长到一定的年限就会开花结实。竹子一生只开一次花，开花后会成片枯死。

趣味问答

我国有白藤吗？

海南岛是我国的白藤主产区。不过由于过度开发，当地的森林面积锐减，白藤的产量和品质正在不断下降。

陆地上最长的
植物是什么？

非洲的热带森林里生长着许多参天大树和奇花异草，其中有陆地上最长的植物——白藤。白藤俗称"鬼索"，其茎又细又长。白藤的茎梢十分结实，上面长满了又大又尖的硬刺，看起来像鞭子一样。茎梢随风摇摆，一碰到大树就紧紧攀住树干，并快速长出大量新叶。接下来白藤会继续生长，茎在树干上盘旋缠绕，形成许多怪圈。

仔细观察

白藤的叶子呈羽毛状，表面长有尖刺，新叶两面生有密集的丝状茸毛，老叶则没有；花单性，雌雄异株，花冠通常呈淡紫色、玫红色或白色。

身边的现象

白藤是棕榈科的植物，主要分布于热带雨林中。白藤质地柔韧，可用于编织藤器。我们生活中常见的藤椅、藤床、藤篮、藤书架都是以白藤为原料加工而成的。

zhōng yà hā sà kè sī tǎn gāo jiā suǒ yǐ jí wǒ guó xīn
中亚、哈萨克斯坦、高加索以及我国新

jiāng de luó bù pō shēng zhǎng zhe yì zhǒng jiào zuò yán jiǎo cǎo de zhí wù
疆的罗布泊生长着一种叫作盐角草的植物，

tā néng zài hán yán liàng gāo dá de yán zhǎo zhōng shēng zhǎng kān
它能在含盐量高达6.5%的盐沼中生长，堪

chēng shì jiè shang zuì nài yán jiǎn de lù shēng zhí wù yán jiǎo cǎo tǐ nèi
称世界上最耐盐碱的陆生植物。盐角草体内

de yán fèn hán liàng hěn gāo rú guǒ bǎ yán jiǎo cǎo zhōng de shuǐ fèn qù
的盐分含量很高，如果把盐角草中的水分去

什么植物
最耐盐碱？

068

除，盐分约占剩余部分重量的45%，而普通
植物体内的盐分含量则不超过干重的15%。

盐角草是一种聚盐植物，它能把从土壤中吸
收的盐分储存在细胞中的盐泡里，因此不会
受到盐分的伤害。

仔细观察

盐角草高5~20厘米，植株通常呈红色
或绿色；茎直立，自基部分枝；小枝肉质，
叶片肉质多汁，近似圆球形；花序呈穗状，
互生于近圆球形突起的苞叶叶片中。

知识链接

土壤里的含盐量在0.5%以下时可以
种普通的庄稼；含盐量在0.5%~1.0%时，
只有棉花、苜蓿、番茄、甜菜等耐盐性强
的作物能够生长；含盐量超过1%时，只
有少数耐盐性特别强的野生植物能够生长。

趣味问答

除了盐角草，还有哪些常见的耐
盐植物？

灌木中的枸杞、沙枣、月季，以及乔
木中的白蜡、合欢、楝树都是常见的耐盐
植物。

趣味问答

为什么仙人掌的叶子长得像针一样？

针状的叶子表面积较小，能够减少水分的蒸发；另外这种叶子还能让口渴的动物难以下口。

最能贮水的
草本植物是什么？

在美国和墨西哥交界处的沙漠里生长着一种奇特的植物——巨柱仙人掌。它们高达十几米，重量约为6吨，最多可以活200多年。沙漠里的气候干燥而炎热，有的地方甚至整年不下雨。在这种恶劣的环境下，只有具有强大贮水能力的植物才能生存。巨柱仙人掌是世界上贮水能力最强的草本植物，它们庞大的身躯里储存着上吨或几吨的水分。当地人在沙漠中跋涉时，经常砍开巨柱仙人掌的表皮取水解渴。

名词解释

仙人掌别名观音掌，为多肉植物的一类，全世界共有2000余种，大多生长于沙漠等干燥环境中，有"沙漠英雄花"的美誉。

资料库

仙人掌通常会长出许多浅根，根系的分布面积却很广，有利于吸收水分。下雨时，仙人掌会迅速生长许多新的根；干旱时，没有用的根则会枯萎、脱落。

什么植物的

叶子寿命最长？

bǎi suì lán shì shēng zhǎng yú shā mò dì qū de yì zhǒng luǒ zǐ zhí
百岁兰是生长于沙漠地区的一种裸子植

wù yǐ qí néng shì yìng jí duān qì hòu hé fáng shā gù tǔ de tè diǎn ér
物，以其能适应极端气候和防沙固土的特点而

wén míng bǎi suì lán yè zi zhōng shēng bú huì tuō luò shòu mìng kě dá
闻名。百岁兰叶子终生不会脱落，寿命可达

bǎi suì yǐ shàng kān chēng shì jiè shang zuì cháng shòu de yè zi bǎi suì
百岁以上，堪称世界上最长寿的叶子。百岁

lán de shù gàn yòu ǎi yòu cū chéng dǎo yuán zhuī zhuàng gāo dù hěn shǎo
兰的树干又矮又粗，呈倒圆锥状，高度很少

chāo guò lí mǐ zhí jìng què néng dá dào mǐ yǐ shàng shù gàn
超过50厘米，直径却能达到1.2米以上；树干

xià duān shēng yǒu shēn rù dì xià de cū zhuàng zhǔ gēn shàng duān zé shēng
下端生有深入地下的粗壮主根，上端则生

yǒu jù dà de gé zhì yè piàn yè piàn chéng dài zhuàng cháng
有巨大的革质叶片，叶片呈带状，长2~3.5

mǐ kuān yuē lí mǐ jī bù kě bú duàn shēng zhǎng
米，宽约60厘米，基部可不断生长。

为什么百岁兰的叶子能不断生长?

百岁兰叶子的基部有一条生长带,那里的细胞有分生能力,可以产生新的叶片组织,使叶片不断生长。

知识链接

百岁兰原产于安哥拉及非洲热带东南部,大多生长在气候炎热而干旱的多石沙漠、枯竭的河床或沿海岸的沙漠上。百岁兰曾和恐龙一起生活在地球上,是当之无愧的"活化石"。

身边的现象

百岁兰生长在沙漠里却拥有硕大的叶片,一是因为它们的根系非常发达,能吸收到地下水;二是因为它们的原产地靠近海岸,海上的雾气会凝结成露水滋润巨大的叶面。

趣味问答

文竹和武竹有什么关系?

　　文竹和武竹是近亲，它们都是百合科、天门冬属的植物。武竹原产于非洲南部，高度可达1米，地上茎丛生，柔软下垂，多分枝，分枝下部有刺。

什么植物的
叶子最小?

原产于南非的文竹是世界上叶子最小的植物。文竹又称云片松、刺天冬、云竹，但它既不是竹子也不是松树，而是一种多年生的常绿藤本植物。人们之所以把它叫作"文竹"，是因为它枝叶纤细、枝干有节，与竹子十分相似。文竹的分枝又多又细，看起来像叶子一样的部分其实是它的茎干和枝条，而真正的叶子则退化成白色的鳞片状，躲在叶状枝条的基部。文竹是著名的观叶植物，树龄为1~3年的文竹枝叶繁茂，姿态完好，观赏价值最高。

✎ **知识链接** ....

　　文竹喜欢温暖湿润、半阴通风的环境，不耐严寒，不耐旱涝，夏季忌阳光直射，适合用疏松肥沃、排水良好、富含腐殖质的砂质土壤栽培。

📖 **资料库** ....

　　树龄为3~5年的文竹植株生长较茂密，可进行分株繁殖。分株应在春季换盆时进行，用利刀顺势将丛生的茎和根分成2~3丛，使每丛含有3~5枝芽，然后分别种植上盆即可。

长得最像石头的
植物是什么？

shēng shí huā yòu jiào shí tou huā 生石花又叫石头花，yuán chǎn yú fēi zhōu nán bù 原产于非洲南部，

cháng jiàn yú yán chuáng fèng xì huò shí lì zhī zhōng 常见于岩床缝隙或石砾之中。shēng shí huā de wài 生石花的外

xíng yǔ é luǎn shí fēi cháng xiāng sì 形与鹅卵石非常相似，zài hàn jì dào chù xún zhǎo shí wù 在旱季到处寻找食物

yǐ bǔ chōng shuǐ fèn de shí cǎo dòng wù hěn nán cóng shí duī zhōng fā xiàn 以补充水分的食草动物很难从石堆中发现

tā men shēng shí huā zhè zhǒng bǎo hù zì jǐ de fāng fǎ jiào zuò nǐ 它们。生石花这种保护自己的方法叫作"拟

态"。生石花的故乡极为干旱，为了生存，它们进化出了很强的贮水能力。3~4年生的生石花秋季时会从顶部的缝隙中开出黄、白、红、粉、紫等颜色的花朵，通常每株只开一朵花，花期为7~10天。

趣味问答

除了生石花还有哪些常见的多肉植物？

令箭荷花、玉扇、桃美人、虎刺梅、仙人掌、昙花、蟹爪兰都是广受人们喜欢的多肉植物。

名词解释

生石花是一种多肉植物。多肉植物是指植物营养器官的某一部分，如茎、叶或根具有发达的薄壁组织，能够贮藏大量水分，在外形上显得肥厚多汁的一类植物。

知识链接

多肉植物在园艺上又被称为多浆植物，它们大多生长在常年干旱或有较长旱季的地区，在根部吸收不到水分的时候，它们可以靠体内贮藏的水分维持生命。

趣味问答

卷柏是如何繁殖后代的?

卷柏是蕨类植物,它是用孢子繁殖后代的。卷柏的孢子储存在叶腋处的孢子囊中。

什么植物

最爱旅行?

卷柏又名九死还魂草，它的耐旱力非常强，经过长期干旱后，只要根系浸泡在水中就能重新焕发生机。卷柏主要分布于中国山东、辽宁、河北，俄罗斯的西伯利亚、朝鲜半岛、日本、印度和菲律宾等地，南美洲也有卷柏家族的成员。生长在南美洲的卷柏能在干旱时将根部自行从土壤中分离，身体缩成圆球，随风滚动。它们遇到有水的地方就展开身体生长，缺水时又会继续旅行，因此被人们称为"旅行植物"。

知识链接

卷柏姿态优美，容易栽培，适合盆栽或配置成山石盆景观赏。卷柏既可观赏，又可药用，全草有止血、收敛的效果。将它烧成灰，内服可治疗各种出血症，外用可治疗各种伤口。

身边的现象

卷柏的含水量降至5%以下时仍能保持生命力。曾有人不小心把卷柏的干制标本掉进了水池，第二天人们惊奇地看到，它又展开枝叶变得生机勃勃了。

胃口最大的

食虫植物是什么?

趣味问答

猪笼草的捕虫笼坏了，还能长出新的捕虫笼吗?

猪笼草的每个叶片只能产生一个捕虫笼，如果捕虫笼衰老枯萎或因故损坏，原来的叶片不会再长出新的捕虫笼。

猪笼草因拥有一个特殊的器官——捕虫笼而得名。猪笼草的叶片分为叶柄、叶身和卷须三部分，卷须尾部增大并反卷形成瓶状的捕虫笼，笼口上具有盖子，其腹面及内侧能发出香味，引诱昆虫前来。捕虫笼的瓶口很光滑，前来觅食的昆虫会滑落其中，被瓶底的消化液慢慢消化吸收。生长在菲律宾的阿滕伯勒猪笼草是世界上胃口最大的食虫植物，它的捕虫笼体积约为普通猪笼草的两倍，能猎食小型啮齿动物。

知识链接

猪笼草主要分布于欧洲、亚洲、非洲的热带地区，在我国的产地——海南常被人们称为"雷公壶"。猪笼草是攀缘状的亚灌木，在自然界中通常平卧生长。

仔细观察

猪笼草生长多年后才会开花，雌雄异株，花朵很小，白天味道淡，略香；晚上味道不太好闻。

什么植物的叶子力气最大？

wáng lián shì shuì lián jiā zú de yì yuán　　yīn yōng yǒu qí tè sì
王莲是睡莲家族的一员，因拥有奇特似

pán de jù dà yè piàn ér wén míng yú shì　　wáng lián de yè piàn chéng yuán
盘的巨大叶片而闻名于世。王莲的叶片呈圆

xíng　　yè yuán zhí lì　　kàn qǐ lái xiàng yuán pán yí yàng　　yè miàn guāng
形，叶缘直立，看起来像圆盘一样；叶面光

huá　　chéng lǜ sè　　lüè dài hóng sè　　yǒu zhě zhòu　　bèi miàn chéng zǐ hóng
滑，呈绿色，略带红色，有褶皱，背面呈紫红色，长有许多坚硬的刺。王莲的叶片和叶脉中有许多充满气体的空腔，再加上粗壮的叶脉纵横交错，能让叶面保持展开，负载能力十分惊人，每片叶片能负重60~70千克，其叶子堪称植物中力气最大的。

趣味问答

为什么下雨天王莲的叶片不会腐烂？

王莲的叶片上密布小孔，叶缘还有两个缺口，下雨时叶面上的积水可以迅速排走，因此叶片不会因积水而腐烂。

身边的现象

王莲于每年9月前后结果，果实呈球形，成熟时内含300~500粒黑色的种子，最多可达700粒，大小与莲子相似，富含淀粉，可食用，俗称"水玉米"。

知识链接

王莲原产于南美洲的热带地区，主要分布于巴西、玻利维亚等国。睡莲喜欢高温、高湿、阳光充足的环境，温度低于20℃时，植株会停止生长。

最大的草本植物是什么？

地球上已发现的植物约有2/3是草本植物。草本植物大多身材矮小，但也有少数种类例外。旅人蕉高度可达20米，是世界上最大的草本植物。旅人蕉大多生长在干燥少雨的沙漠中，它们的根须能穿过厚厚的沙层吸取地下水；叶片粗壮而肥厚，长度可达3~4米，基部厚度可达20厘米，能够贮存大量水分；叶片表面有一层油脂，能够反射阳光，减少水分蒸发。

趣味问答

旅人蕉的故乡在哪里？

旅人蕉原产于非洲的马达加斯加岛。在那里，旅人蕉深受人们喜爱，有"国树"的美誉。

 知识链接

　　沙漠中的旅行者只要用刀在旅人蕉的叶柄基部划开一个小口，就会有可以饮用的水涌出来，因此旅人蕉又被人们称为"旅行家树"、"水树"和"沙漠甘泉"。

身边的现象

　　由于外形美观，旅人蕉逐渐从野生植物被驯化成了一种人工培植的观赏植物。与野生祖先相比，人工培植的旅人蕉身材更高大，叶片更修长，但扎根较浅，储存水分的能力较差。

最著名的
除虫植物是什么？

chú chóng jú shì yì zhǒng jú kē de duō nián shēng cǎo běn zhí wù
除虫菊是一种菊科的多年生草本植物，

gāo   lí mǐ   jīng dǐng de lù yè cù yōng zhe wài xíng yǔ yě huā
高17~60厘米，茎顶的绿叶簇拥着外形与野花

xiāng sì de huā duǒ   qí zhōng huā xīn   shì yóu huáng sè de guǎn zhuàng
相似的花朵，其中"花心"是由黄色的管状

huā zǔ chéng de   huā bàn   zé shì yóu bái sè de shé zhuàng huā zǔ
花组成的，"花瓣"则是由白色的舌状花组

chéng de   chú chóng jú de huā duǒ zhōng hán yǒu yì zhǒng wú sè de nián
成的。除虫菊的花朵中含有一种无色的黏

稠油状液体——除虫菊素。除虫菊素又称除虫菊酯，它能使昆虫神经麻痹，中毒死亡，对人畜却安全无害，并且不会造成环境污染。因此，人们常以除虫菊为原料，制造蚊香、农药等杀虫用品。

趣味问答

除虫菊会危害我们的健康吗？

除了蚊虫，除虫菊对蜈蚣、鱼、蛙、蛇等动物也有毒麻作用，但对人畜无害，因此使用安全，不污染环境，是一种理想的杀虫剂。

仔细观察

除虫菊茎直立，单生或少数茎簇生，不分枝或自基部分枝；基生叶花期生存，呈卵形或椭圆形，中部茎叶渐大，向上叶渐小；全部叶有叶柄，叶片两面呈银灰色。

知识链接

在夏秋季节，把即将开放的除虫菊花朵摘下来，阴干后磨成粉状，过120~150目的筛子；每份除虫菊粉加200~300倍的水，并加入少量肥皂制成悬浮液，搅匀后喷洒，可以防治农业上的多种害虫。

所有植物都是由细胞构成的。植物细胞大多很小，只有十几微米长，肉眼很难看清。不过苎麻却是个例外——苎麻茎部的韧皮纤维细胞长度可达50厘米以上，堪称世界上最大的植物细胞。苎麻原产于我国西南地区，适合

什么植物的细胞最大？

在温带和亚热带地区生长，自古以来就是一种重要的纤维作物。苎麻纤维十分坚韧，富有光泽，可以分得和丝一样细。用它织成的布料既透气又吸汗，非常适合用来制作夏季的服装。

知识链接

苎麻叶蛋白质含量较高，可用于制作饲料；苎麻根含有苎麻酸，有补阴、安胎的功效，可用于治疗产前产后心烦及疔疮；麻秆又称麻骨，浸沤、晾干后可作为火把使用。

身边的现象

光照时间的长短不仅会影响苎麻开花的迟早，还会影响雌花与雄花的多少。每日光照时间为8~9小时，苎麻多生雌花；每日光照时间为14小时，则多生雄花。

趣味问答

我国是从什么时候开始种植苎麻的？

浙江钱山漾新石器时代遗址出土的苎麻布和细麻绳说明，我国早在4 700多年前就开始种植并使用苎麻了。

叶子最甜的植物是什么?

甜叶菊是一种菊科多年生草本植物,原产于南美洲,主要生长在巴拉圭及巴西的原始森林中。甜叶菊是地球上已发现的最甜的植物,每到夏天,会开出一丛丛散发着淡淡香气的小白花。它们的叶子中含有大量甜菊糖苷,其甜度是蔗糖的200~300倍,而热量则仅为蔗糖的1/250,因此被人们誉称"植物糖王"。糖尿病和肥胖症患者也可以放心地食用含甜菊糖苷的食品。

趣味问答

甜叶菊是什么时候被引入我国的?

甜叶菊漂洋过海来到我国定居的时间还很短,它是在20世纪80年代初被引进我国种植的。

仔细观察

　　甜叶菊的高度约为1米，根梢肥大，长度可达25厘米；茎直立，基部木质化，上部柔嫩，密生短茸毛；叶对生或茎上部互生，边缘有浅锯齿，两面长有茸毛。

名词解释

　　甜叶菊是一种新型糖料作物。糖料作物指的是以制糖为主要用途的作物，我国北方地区的主要糖料作物是甜菜，南方地区的主要糖料作物则是甘蔗。

趣味问答

桫椤会不会开花结果?

桫椤不会开花结果,自然也没有种子。桫椤叶片的背面生有许多孢子囊,它们就是利用其中的孢子来繁殖后代的。

现存最大的
蕨类植物是什么?

蕨类植物是一类古老的植物，在恐龙时代，它们的踪迹曾遍布全球。桫椤又称树蕨，是现存的蕨类植物中唯一的一种木本植物，也是最高、最大的蕨类植物。桫椤大多生长在热带森林中，高度通常为3~8米，最高可达20米左右。桫椤的树干呈圆柱形，无分枝，树顶生长着许多像羽毛一样的巨大叶片。在我国，桫椤主要分布于云南、贵州、广东等地，它是我国一级保护植物。

✏️ **知识链接**

蕨类是一类只比苔藓植物略高级一些的植物。现存的蕨类植物约有12000种，广泛分布于世界各地，尤以热带和亚热带地区种类最为丰富。

🔖 **身边的现象**

蕨类植物大多生长在阴暗潮湿的林地或沼泽中，但也有部分种类能够在高海拔的山区、干燥的沙漠岩地、湖泊或原野等自然环境中生长。

消费量最大的 药草是什么？

芫荽俗称香菜，是人们熟悉的提味蔬菜之一。芫荽原产于地中海沿岸及中亚地区，是一年生或二年生草本植物，生有羽状复叶，小叶呈卵圆形或条形，外形与芹菜相似，茎纤细，叶和茎均有特殊香气。芫荽不仅能作为凉菜、汤品的佐料使用，还是一味中药，具有开胃消郁、止痛解毒、发汗透疹的功效。芫荽是目前世界上消费量最大的药草。

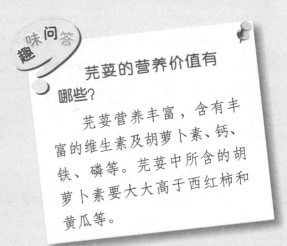

趣味问答

芫荽的营养价值有哪些？

芫荽营养丰富，含有丰富的维生素及胡萝卜素、钙、铁、磷等。芫荽中所含的胡萝卜素要大大高于西红柿和黄瓜等。

芫荽可分为大叶品种和小叶品种两类。大叶品种植株高,叶片大,香味淡,产量较高;小叶品种植株较矮,叶片小,香味浓,耐寒,适应性强,但产量稍低。

资料库

芫荽之所以俗称"香菜",是因为其茎和叶中都含有大量挥发油,能散发出浓郁的香气。这种挥发油能够祛除肉类和农产品的腥膻味,为菜肴增色添香。

最神通广大的水生植物是什儿?

水葫芦又名凤眼莲、凤眼蓝,是一种水生漂浮植物,花朵呈蓝紫色,叶柄膨大,形似葫芦。水葫芦的繁殖能力十分惊人,一株水葫芦两个月就能繁衍出上千个后代。大量繁殖的水葫芦会覆盖水面,挡住阳光,导致水

下植物因得不到足够的光照而死亡，破坏水下动物的食物链，进而导致水生动物死亡。此外，水葫芦还会阻塞航道，严重影响航运。水葫芦在许多国家泛滥成灾，堪称最"神通广大"的水生植物。

趣味问答

水葫芦是如何繁殖后代的？

水葫芦既能用种子繁殖后代，也能用腋芽发育而成的匍匐枝进行无性繁殖。

知识链接

水葫芦原产于南美洲，1901年被作为观赏植物引入我国，20世纪五六十年代被作为猪饲料在长江流域及长江以南地区普遍推广，目前广泛分布于华南、华中和华东各地。

名词解释

生物入侵是指生物由原生存地经自然或人为途径侵入新的环境，对入侵地的生物多样性、农林牧渔业生产以及人类健康造成经济损失或生态灾难的过程。

趣味问答

玉米笋是玉米还是笋？

玉米幼小细嫩的果穗，去掉苞叶及发丝，切掉穗梗，即为玉米笋。与普通玉米不同的是，玉米笋连籽带穗一同食用，而玉米只食嫩籽不食其穗。

分布最广的
农作物是什么？

玉米亦称玉蜀黍、苞米、棒子、苞谷，是一年生禾本科草本植物。对人类来说，玉米是重要的粮食作物及饲料来源，它既是世界上总产量最高的粮食作物，也是分布最广的粮食作物，从北纬58°到南纬35°~40°的地区均有大量种植。全世界玉米种植面积最大、总产量最多的国家依次是美国、中国、巴西、墨西哥。美国的玉米产区主要分布于中部的中央大平原，我国的玉米产区则主要分布于东北平原。

知识链接

玉米原产于南美洲的墨西哥和秘鲁沿安第斯山麓一带，它是印第安人的主要粮食作物。玉米原本是体型很小的草，经当地人培育多代后才变成现在的样子。

资料库

1492年，哥伦布在古巴发现了玉米。1494年，他把玉米带回了西班牙，后来逐渐传至世界各地。玉米是在16世纪传入我国的，明朝末年种植玉米的省份已达十余个。

最早种植油菜的国家是哪个？

我国是世界上最早种植油菜的国家。在陕西半坡新石器时代遗址里发掘出的大量菜籽，其种皮呈黑褐色，直径多在1.5毫米左右，有明显的种脐、种蒂和网纹，它和现在的油菜籽相似。这些种子的年龄大约为7 000岁。作为经济效益较高的油料作物、蜜源作物和蔬菜作物，油菜现已被广泛引种到世界各地，以印度栽植最多，我国次之，加拿大居第三位。

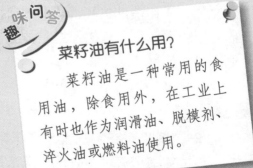

菜籽油有什么用？

菜籽油是一种常用的食用油，除食用外，在工业上有时也作为润滑油、脱模剂、淬火油或燃料油使用。

✐ **知识链接**

　　油菜为十字花科芸薹属植物，分芥菜型、白菜型和甘蓝型三种。因其籽实可以榨油，故得油菜之名。油菜与大豆、向日葵、花生并称世界四大油料作物。

🐾 **名词解释**

　　用油菜籽榨出的油叫作菜籽油，俗称菜油。菜籽油色泽金黄或棕黄，有一定的刺激性气味，这种气味是其中含有一定量的芥子甙所致，特优品种的油菜籽则不含这种物质。

什么植物最敏感？

máo gāo cài yòu jiào máo zhān tái　　　zhǔ yào shēng zhǎng zài cháo shī de
茅膏菜又叫毛毡苔，主要生长在潮湿的

zhǎo zé dì qū　　máo zhān tái tōng cháng chéng lián zuò zhuàng shēng zhǎng　　yè
沼泽地区。毛毡苔通常呈莲座状生长，叶

piàn biǎo miàn zhǎng yǒu xǔ duō néng gòu fēn mì nián yè de xiàn máo　　zhè zhǒng
片表面长有许多能够分泌黏液的腺毛，这种

nián yè néng xī yǐn kūn chóng qián lái qǔ shí　　kūn chóng yí luò zài yè miàn
黏液能吸引昆虫前来取食。昆虫一落在叶面

shang jiù huì bèi yè piàn jǐn jǐn juǎn zhù　　bìng bèi xiàn máo fēn mì de dàn
上就会被叶片紧紧卷住，并被腺毛分泌的蛋

bái zhì fēn jiě méi màn màn xiāo huà
白质分解酶慢慢消化。

máo zhān tái kān chēng shì jiè shang zuì
毛毡苔堪称世界上最

mǐn gǎn de zhí wù dá ěr wén céng zuò guò yí cì shì yàn tā bǎ yí
敏感的植物。达尔文曾做过一次试验，他把一

duàn cháng háo mǐ de tóu fa
段长11毫米的头发

fàng zài máo zhān tái de yè piàn
放在毛毡苔的叶片

shang yè piàn shang de xiàn máo
上，叶片上的腺毛

lì jí zuò chū fǎn yìng juǎn
立即做出反应，卷

zhù le tóu fa
住了头发。

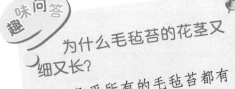

趣味问答

为什么毛毡苔的花茎又细又长?

几乎所有的毛毡苔都有高于植株的细长花茎，花茎把花朵高高举起，既能避免叶片误食为自己传粉的昆虫，又能将种子散播到远处，可谓一举两得。

仔细观察

毛毡苔种类繁多，形态各异。它们的高度大多不超过15厘米，少数种类高度可达1米以上。毛毡苔的叶片大多为绿色，如果光线充足，可呈现鲜红色或黄绿色。

知识链接

毛毡苔的根系不发达，通常只有几根，主要起吸收水分和固定植株的作用。部分种类的毛毡苔拥有地下茎，当旱季地面以上的部分枯死时，它们还能依靠地下茎继续存活。

世界之最
SHIJIE ZHIZUI

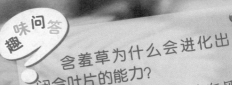

含羞草为什么会进化出闭合叶片的能力？

含羞草的故乡经常有狂风暴雨，受到外界刺激就闭合叶片、垂下叶柄的能力可以减小它们在风雨中受到的伤害，对生存有利。

什么植物
最害羞？

含羞草原产于美洲热带地区，是一种有趣的植物，用手轻轻碰它一下，它的叶片就会立即合拢；如果碰得比较用力，连叶柄也会垂下来，看起来就像害羞了一样，因此人们才给它起了"含羞草"这个名字。含羞草之所以能在被触碰后合拢叶子，是因为它们的叶柄基部和叶片基部都有一个膨大部分——叶枕。叶枕对刺激的反应非常敏感，一旦叶片被触碰，叶枕就能做出反应，将对应的两个小叶片闭合起来。

仔细观察

含羞草是一种多年生草本植物，植株高约30~60厘米；茎蔓生，多分枝，遍体散生倒刺毛和锐刺；通常在7~10月开花，花呈粉红色。

身边的现象

如果含羞草被触摸时叶片很快闭合起来，张开却很缓慢，说明天气即将转晴；如果其叶片收缩得很慢，下垂迟缓，甚至稍一闭合又重新张开，则说明天气即将转阴或者快要下雨了。

趣味问答

有没有能在旱田里生长的水稻？

陆稻也叫旱稻，它是水稻的变异品种，能够在旱地、坡地等干旱的环境中生长。

最抗涝的
粮食作物是什么？

水稻原产于亚洲热带地区，在中国广为栽种后逐渐传播到了世界各地，全球约有1/3的人口以水稻为主食。东北地区、长江流域及珠江流域是我国的主要水稻产区。水稻的祖先生活在沼泽中，它们把喜湿的习性和特殊的生理结构留给了后代。水稻的叶片中有特殊的通气组织。即使根茎都被水淹没，只要叶片还露在水面上，水稻就能正常呼吸，堪称世界上最抗涝的粮食作物。

✏️ **知识链接** ··

　　人们从田里收获的稻粒叫作稻谷，稻谷有一层外壳，去除后才能食用。只碾去外壳的稻谷叫糙米，碾去外壳和米糠的稻谷叫精米，精米的口感较好，但营养价值比糙米低。

🔖 **名词解释** ··

　　【水稻】水稻可分为籼稻和粳稻两类。籼稻的米粒黏性较弱，胀性较大，谷粒狭长，颖毛短稀，叶面多茸毛，叶片弯长。粳稻的米粒淀粉黏性较强，胀性较小，谷粒短圆，颖毛长密，叶面较光滑，叶片短直。

什么草 最像虫子？

冬虫夏草又叫虫草，虽然名字叫"草"，它却不是真正的草，而是昆虫和真菌的结合体。每到盛夏时节，一种叫作冬虫夏草菌的真菌就会把自己的孢子散播出去。孢子萌发成菌丝后会钻进藏在土中的蝙蝠蛾幼虫体内。到了第二年夏天，虫体已经被菌丝掏空了。菌丝继续生长，穿过幼虫的头部露出地面就形成了冬虫夏草。冬虫夏草的外形几乎和普通幼虫没有区别，堪称最像虫子的草。

趣味问答

真菌是动物还是植物？

在19世纪以前，人们普遍认为真菌是植物；随着科学的发展，人们发现真菌与动物、植物都有明显的区别，于是把它列为了除动物、植物外的第三类生物。

知识链接

冬虫夏草素有"功同人参"之誉。中医以菌体入药，其味甘性温，有滋肺补肾、止咳化痰、止血等功效，可治疗腰膝酸痛、阳痿遗精、肺结核等病症。

资料库

冬虫夏草中含有一种叫作虫草素的物质，它有抗肿瘤、抗衰老、调节免疫系统、改善新陈代谢、清除自由基等多种功效，具有很高的医药价值。

什么花最晶莹剔透？

shuǐ jīng lán shēng zhǎng zài yōu àn cháo shī de luò yè céng shang tā

水晶兰生长在幽暗潮湿的落叶层上，它

men tōng tǐ jīng yíng jié bái   wēi wēi xià chuí de huā duǒ dān shēng yú zhí zhū

们通体晶莹洁白，微微下垂的花朵单生于植株

de dǐng duān   zài yōu àn chù fā chū yòu rén de bái sè liàng guāng kàn qǐ

的顶端，在幽暗处发出诱人的白色亮光，看起

lái xiàng jīng zhì de shuǐ jīng yān dǒu yí yàng   suī rán míng zi zhōng yǒu gè

来像精致的水晶烟斗一样。虽然名字中有个

lán   zì   shuǐ jīng lán què bú shì lán huā jiā zú de chéng yuán   ér

"兰"字，水晶兰却不是兰花家族的成员，而

是一种鹿蹄草科的植物。水晶兰体内没有叶绿素，不能进行光合作用。它们的叶子退化成了鳞片状，根系却很发达，分枝极密，根表面覆有菌根，能够从腐烂的植物中吸取营养物质。

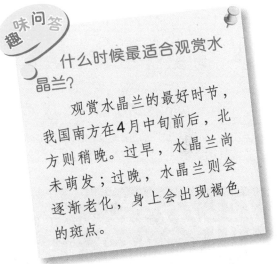

趣味问答

什么时候最适合观赏水晶兰？

观赏水晶兰的最好时节，我国南方在4月中旬前后，北方则稍晚。过早，水晶兰尚未萌发；过晚，水晶兰则会逐渐老化，身上会出现褐色的斑点。

名词解释

水晶兰是一种腐生生物。腐生生物指的是从其他生物体，如尸体、动物组织或是枯萎的植物身上获得养分的生物。它们不能进行光合作用，也不能自己制造有机养分。

知识链接

自然环境中的水晶兰大多数株聚生，较少见独株；全株高约10~30厘米，无分枝的肉质茎上有互生的鳞片状白色叶片；雌雄同株，单花于植株的顶端开出。

植物的花轴和以不同方式排列在花轴上的花朵共同组成了花序。佛焰花与菊花、兰花不同，不是一种植物的名称，而是天南星科植物所共有的特殊花序的简称。

天南星科植物的花序轴上密集地生长着许多小花，其中雄花在上，雌花在下，组成

什么花 体温最高?

肉穗花序。肉穗花序外包裹着一片大型的叶状总苞片，人们把这种苞片称为"佛焰苞"。佛焰苞与肉穗花序共同组成了佛焰花序。天南星科植物开花时，花序有发热现象，其温度大约比周围的气温高20℃，堪称世界上体温最高的植物。

知识链接

与动物类似，佛焰花序的热量也是通过呼吸散发出来的。佛焰花序成熟时，植物组织的呼吸速率极高，每小时吸收的氧气量约为其自身体积的100倍。

身边的现象

佛焰花序的产热呼吸一般可持续12小时左右，其中高峰期约为1~2小时。佛焰花序发出的热量能加快胺和吲哚等物质的挥发，吸引昆虫前去授粉，这对它们的繁衍十分有利。

趣味问答

马铃薯是天南星科的成员吗？

芋头是天南星科芋属的常见植物。洋芋是马铃薯的别称，虽然名字也叫"芋"，它却不是芋头的近亲，而是茄科茄属的植物。

趣味问答

花序最大的木本植物是什么？

巨掌棕桐是花序最大的木本植物。其花序为圆锥形花序，高度可达14米，基部直径可达12米，组成花序的小花数量多达70万朵。

花序最大的
草本植物是什么？

巨魔芋也叫泰坦魔芋，原产于苏门答腊的热带雨林地区。巨魔芋属天南星科，与芋头、马蹄莲等同科植物一样，它也拥有由肉穗花序和佛焰苞组成的佛焰花序。巨魔芋开花时，块茎上会生出一枝粗壮的地上茎，茎顶强健的肉穗花序长度可达2米，是世界上最大的草本植物花序。包裹着肉穗花序的佛焰苞内呈红色，外侧呈深绿色，同样大得惊人——其直径约为1.3米，高度约为1米，看起来很像打了褶的领子。

仔细观察

除了花序，巨魔芋的其他部分也大得惊人。巨魔芋的块茎直径可达65厘米，最重可达100千克以上。巨魔芋只有一枚长在块茎上的复叶，其叶柄高度可达3~4米，叶片直径可达5米。

身边的现象

巨魔芋开花需要消耗大量能量，因此它的花通常两天左右就会凋谢。体内能量不足的巨魔芋开花后就会死去，只有足够健壮的植株才能在多年的休眠后迎来第二次花期。

最臭的开花植物

是什么？

大王花原产于印度尼西亚的爪哇和苏门答腊等地的热带雨林中。大王花是一种肉质寄生草本植物，大王花既是世界上最大的花，也是世界上最臭的花。它们的主轴极短，没有叶片和地下茎，吸取营养的器官退化成菌丝体状，侵入宿主的组织内。大王花刚开放的时候具有香味，一两天后，就会散发出具有刺激性的腐臭气味，吸引苍蝇、甲虫等食腐动物为其传粉。

趣味问答

大王花真的会吃人吗？

有人将大王花称为"食人花"，其实大王花只会散发与尸体相似的气味，并不会吃人，这种叫法是不科学的。

　　大王花的花冠直径约为50~90厘米，5片多浆的花瓣厚而坚韧，每片花瓣厚约5厘米，宽约30厘米，花瓣的总重量可达10千克以上；花朵中央的蜜槽可容纳5~7升的水。

✔ **仔细观察**

　　大王花的果实呈球状，直径约为15厘米，具木质化、棕色的表皮，种皮下充满乳白色、富脂质的果肉以及上千枚红棕色的微小种子。其种子带有黏性，可附着在动物身上四处传播。

小麦是一种禾本科植物，最早起源于中东的新月沃土地区，在世界各地均有广泛种植。小麦与水稻、玉米并称世界三大粮食作物，几乎全作食用，仅有少部分作为饲料使用。小麦的花是世界上寿命最短

寿命最短的花是什么？

的花，一朵花开花的时间通常只有5分钟左右，最长也不超过30分钟，仅为昙花寿命的1/48。小麦花排列为穗状花序，人们常将其称为麦穗。

知识链接

小麦的颖果富含淀粉、蛋白质、脂肪、矿物质和维生素；磨成面粉后可制作面包、馒头、饼干、面条等食物；发酵后可制作啤酒、酒精、伏特加等。

仔细观察

麦穗由穗轴和小穗两部分组成。穗轴直立而不分枝，包含多个节，每节生1个小穗。小穗包含2枚颖片和3~9朵小花；花由1枚外稃、1枚内稃、3枚雄蕊、1枚雌蕊和2枚浆片组成。

趣味问答

什么是黄金优麦区?

我国山东省中东部地区气候温和、土壤肥沃、降水均匀，非常适合小麦的生长，所产小麦品质高、口感好，因此有"黄金优麦区"的美誉。

什么花品种最多？

yuè jì yuán chǎn yú zhōng guó　　zǎo zài hàn cháo jiù yǒu dà liàng zāi

月季原产于中国，早在汉朝就有大量栽

zhòng　yuè jì yú　　　　shì jì zì zhōng guó chuán rù ōu zhōu　　yǐn

种。月季于17~18世纪自中国传入欧洲，引

qǐ le xī fāng yuán yì jiā de zhòng shì yǔ xìng qù　　jīng guò yǔ xī fāng

起了西方园艺家的重视与兴趣。经过与西方

yuán yǒu qiáng wēi shǔ de zhí wù fǎn fù zá jiāo　　yuè jì de pǐn zhǒng dà

原有蔷薇属的植物反复杂交，月季的品种大

fú dù zēng jiā　　mù qián yǐ yǒu
幅度增加，目前已有

jìn wàn zhǒng　　shì shì jiè shang pǐn
近万种，是世界上品

zhǒng zuì duō de huā huì　yuè jì
种最多的花卉。月季

yǒu hóng　bái　huáng　fěn
有红、白、黄、粉、

zǐ　　lù　　hùn sè děng yán
紫、绿、混色等颜

sè　　qí zhōng yǐ hóng sè zuì wéi
色，其中以红色最为

duō jiàn　　yóu yú yuè jì de huā
多见。由于月季的花

qī hěn cháng　měi nián　　　　yuè
期很长，每年5~10月

dōu yǒu huā duǒ lù xù kāi fàng
都有花朵陆续开放，

yīn cǐ yòu bèi rén men chēng wéi
因此又被人们 称为

yuè yuè hóng
"月月红"。

趣味问答

我国的十大名花是哪十种花？

梅花、牡丹、菊花、兰花、月季、杜鹃、茶花、荷花、桂花、水仙并称"中国十大名花"。

✏ 知识链接

　　在园艺上，月季可分为中国月季、微型月季、十姊妹型月季、多花型月季、特大花型月季、单花大型月季、藤本月季、树型月季及野生型月季九类，其中以十姊妹型月季最为常见。

🔍 仔细观察

　　月季是蔷薇科小灌木，但有部分种类呈蔓状或藤本状。其枝叶光滑无毛，但有皮刺。花以五为基数，而雄蕊数极多，数倍于五，雌蕊亦多数，生于花托的凹陷部。

什么花最耐寒?

雪莲是一种菊科多年生草本植物，主要分布于中国新疆的天山、阿尔泰山、昆仑山及青藏高原，俄罗斯及哈萨克斯坦也有分布。雪莲大多生长在海拔2 400~5 000米的悬崖峭壁、乱石滩、草甸或山坡上，那里土壤贫瘠，山风猛烈，紫外线辐射强烈，一般植物很难生存。雪莲的适应能力很强，雪莲的种子在0℃时发芽，3℃~5℃生长，幼苗可抵抗-21℃的严寒，堪称最耐寒的有花植物。

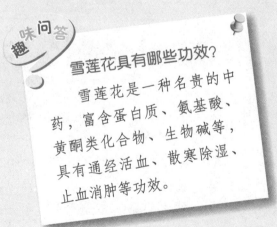

趣味问答

雪莲花具有哪些功效?

雪莲花是一种名贵的中药，富含蛋白质、氨基酸、黄酮类化合物、生物碱等，具有通经活血、散寒除湿、止血消肿等功效。

名词解释

雪莲是一种高山植物。高山植物指的是生长在高山上的植物，它们大多体型矮小，茎叶多毛；有些种类匍匐生长或者像垫子一样铺在地上，人们形象地将其称为"垫状植物"。

仔细观察

雪莲的植株矮而茎短粗，叶子贴地而生，上面长满了白色的绒毛，可以抵御严寒、狂风和紫外线辐射。雪莲的根系十分发达，能伸入石缝中吸取水分和养料。

趣味问答

虞美人和罂粟有什么区别？

虞美人是罂粟的近亲，二者外形相似，不同的是虞美人全株被毛，果实较小，花蕾下垂；罂粟表面光滑,果实较大,花蕾直挺。

什么花
对人类危害最大？

罂粟是一种1~2年生草本植物，茎高30~60厘米，分枝；花果期为3~11月，花呈红、白、紫等颜色，每朵花有四个花瓣，果实成熟时花瓣会自然脱落；叶片大而光滑，呈绿色，带有银色光泽。罂粟的花朵虽然美丽，却是世界上对人类危害最大的植物。罂粟是制造鸦片、吗啡、海洛因的原料，是世界上毒品的主要来源。所以，罂粟花虽然美丽却可以称为"恶之花"。

知识链接

罂粟未成熟蒴果的果皮被割开后会渗出白色的乳汁，这种乳汁干燥凝固后就成了生鸦片。鸦片很早就传到中国，最初是作为药用，后来被人过量吸食，成为毒品。清朝后期西方国家向中国倾销鸦片毒害中国人民。

资料库

鸦片既是药品，也是毒品。鸦片作为药物长期或过量使用，会使人产生依赖性；吸毒者在吸食鸦片后会产生幻觉，无法集中注意力；吸食过量还有可能引起急性中毒，严重时可致人死亡。

趣味问答

食用西葫芦对我们的身体有哪些益处？

西葫芦富含蛋白质、矿物质和维生素等物质，不含脂肪，含盐量很低，有清热利尿、除烦止渴、润肺止咳、消肿散结等功效。

什么植物的
花粉颗粒最大？

西葫芦也叫笋瓜、白瓜，属葫芦科的南瓜属，与南瓜、葫芦是近亲。西葫芦原产于印度，世界各国均有广泛栽培。花粉是植物中蛋白质和维生素含量较高的部分，营养价值丰富，是蜜蜂的主要食物。大多数植物的花粉直径都小于80微米，粗细相当于人的头发丝，西葫芦的花粉直径却可达到200微米，是世界上已知花粉中最大的花粉。如果有适当的环境作为背景，不用放大镜用肉眼就能看见西葫芦的花粉颗粒。

仔细观察

西葫芦为一年生草本植物，有矮生、半蔓生、蔓生三大品系。多数品种主蔓优势明显，侧蔓少而弱。茎粗壮，呈圆柱状，表面有棱沟、短刚毛和半透明的糙毛。

身边的现象

花粉的形状主要有圆形、椭圆形、三角形三种。不同种类的植物花粉大小差距悬殊，最小的直径只有10微米，较大的直径则能达到200微米，大多数植物花粉的直径在40~50微米之间。

什么植物的花最小？

zài zhōng guó nán fāng de chí táng shuǐ tián huò shuǐ gōu de jìng shuǐ
在中国南方的池塘、水田或水沟的静水

shuǐ miàn shang jīng cháng mì mì má má de fù gài zhe yí piàn piàn yuán yuán
水面上，经常密密麻麻地覆盖着一片片圆圆

de xiǎo yè zi měi piàn yè zi dōu bù chāo guò lí mǐ zhè zhòng zhí
的小叶子，每片叶子都不超过1厘米。这种植

wù jiào zuò wú gēn píng gù míng sī yì wú gēn píng shì yì zhǒng méi
物叫作无根萍。顾名思义，无根萍是一种没

yǒu gēn de zhí wù zhěng gè zhí wù tǐ jiù shì biǎn píng de jīng wú gēn
有根的植物，整个植物体就是扁平的茎。无根

píng shì kāi huā zhí wù tā de huā zhí jìng yuē wéi háo mǐ bǐ
萍是开花植物，它的花直径约为0.3毫米，比

zhēn tóu hái xiǎo wú gēn
针头还小。无根

píng de huā shì shì jiè shang
萍的花是世界上

zuì xiǎo de huā tóng shí yě
最小的花，同时也

shì shì jiè shang zuì xiǎo de
是世界上最小的

kāi huā zhí wù
开花植物。

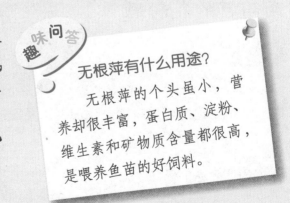

趣味问答

无根萍有什么用途？

无根萍的个头虽小，营养却很丰富，蛋白质、淀粉、维生素和矿物质含量都很高，是喂养鱼苗的好饲料。

知识链接

　　无根萍能够开花结果，但它们通常会像细菌那样以分裂的方式繁殖后代。每个无根萍个体都能一分为二、二分为四……因此小小一片无根萍很快就能占据水面。

身边的现象

　　无根萍正面平整，背面隆起，看起来很像覆盖在水面上的绿色细砂。无根萍的花序样子很像灯泡，表面覆盖着细小的鳞片，由一朵雌花和两朵雄花组成。

什么花长得

最像鸟？

bái lù huā bié chēng lù lán   lù cǎo hé xiá yè bái dié lán
白鹭花别称鹭兰、鹭草和狭叶白蝶兰，

yīn qí huā duǒ de xíng tài kù sì zhǎn chì fēi xiáng de bái lù ér dé
因其花朵的形态酷似展翅飞翔的白鹭而得

míng bái lù huā gāo lí mǐ kuài jīng chéng tuǒ yuán xíng huò
名。白鹭花高18~35厘米，块茎呈椭圆形或

jìn qiú xíng zhí lì jī bù shēng yǒu méi yè piàn huā gěng
近球形，直立，基部生有3~5枚叶片；花梗

bù fēn zhī zì xià ér shàng guī zé de pái liè zhe xǔ duō yǒu bǐng xiǎo
不分枝，自下而上规则地排列着许多有柄小

花，花苞片呈披针形，花呈白色，直径为1.5~3厘米，花期为7~8月。白鹭花主要分布于中国台湾、日本和朝鲜，大多生长于海拔约为1 500米的林下草地中。由于花朵美丽而奇特，白鹭花遭到了大量采摘，数量急剧减少，现在已濒临绝种。

趣味问答

非洲白鹭花和白鹭花是一种植物吗？

非洲白鹭花是一种原产于非洲南部沙漠地区的寄生植物，它与白鹭花是完全没有关系的两种植物。

名词解释

白鹭花是一种兰科植物。兰科植物共有20 000余种，它们的踪迹遍布世界各地，但主要生长于热带地区；大部分种类可供观赏，少数种类，如石斛、天麻、白芨等可以入药。

知识链接

在我国，兰花与梅花、竹子、菊花并称"四君子"，与菊花、水仙、菖蒲并称"花草四雅"，自古以来便深受人们的喜爱。古人常把优秀的文章称为"兰章"，把真挚的友谊称为"兰谊"。

什么花颜色变化最丰富？

mù fú róng yòu chēng fú róng huā mù lián shì yì zhǒng luò yè
木芙蓉又称芙蓉花、木莲，是一种落叶

guàn mù huò xiǎo qiáo mù gāo mǐ zhī tiáo jiào mì bìng yǒu xīng zhuàng
灌木或小乔木，高1~3米；枝条较密并有星状

duǎn róng máo dān yè hù shēng chéng zhǎng zhuàng huā shēng yú yè yè
短茸毛；单叶互生，呈掌状；花生于叶腋

huò zhī dǐng duō wéi chóng bàn fù xīn huā duǒ zhí jìng yuē wéi lí
或枝顶，多为重瓣复心，花朵直径约为15厘

水芙蓉是木芙蓉的近亲吗？

水芙蓉是莲花的别称，它与木芙蓉是两种完全不同的植物。木芙蓉是锦葵科的植物，木槿和扶桑才是它的近亲。

米，花期为9~11月。

木芙蓉品种繁多，弄色木芙蓉是其中最有特色的一种。它的花初开的时候呈白色，此后颜色不断加深，逐渐变为浅红色、深红色，到花落的时候则会变成紫色，堪称世界上颜色变化最丰富的花朵。

身边的现象

芙蓉花刚开时，花瓣里只有无色花青素，所以颜色较浅；经过阳光照射，无色花青素会变成花青素。花青素与植物呼吸产生的酸在花瓣中发生反应，芙蓉花就会变红了。

知识链接

木芙蓉喜欢温暖湿润和阳光充足的环境，稍耐半阴，有一定的耐寒性；对土壤要求不严，但在肥沃、湿润、排水良好的沙质土壤中长势最好。

哪种树的花最像鸽子？

珙桐是一种落叶乔木，通常高15~20米，一些百年老树的高度可达30米，直径超过1米。珙桐的花十分奇特，其花序基部长有一对乳白色的苞叶，样子与鸽子的翅膀非常相似，而紫红色的圆球形花序则酷似鸽头。

每到初夏，珙桐花开，看起来就像无数只白鸽停在树上，因此珙桐又被人们称为"鸽子树"。珙桐是一种我国特有的活化石植物，国家已将它列为一级保护植物，并为它建立了自然保护区。

趣味问答

为什么珙桐特别珍贵？

在100万年前，珙桐的踪迹曾经遍布世界。第四纪冰期到来后，世界各地的珙桐逐渐绝迹，只有我国少部分地区的珙桐幸存下来，繁衍至今，成为了珍贵的活化石。

身边的现象

　　珙桐大多分布于海拔1 600~2 000米的山区，喜欢腐殖质深厚的土壤，不耐贫瘠，不耐干旱，幼树生长缓慢，喜欢阴暗潮湿的环境，成树则比较喜欢光照。

知识链接

　　1869年，法国神父大卫在四川穆坪发现了珙桐，并为其确定了拉丁文学名。此后，珙桐陆续被欧洲及北美洲各国引种，成为了广受世界人民喜爱的观赏树种。

gāo yuán jiè shì yì zhǒng duō nián shēng cóng shēng cǎo běn zhí wù
高原芥是一种多年生丛生草本植物，

gòng yǒu shí duō zhǒng zhǔ yào fēn bù yú zhōng guó de xǐ mǎ lā yǎ shān
共有十多种，主要分布于中国的喜马拉雅山

qū kūn lún shān qū jí zhōng yà gāo shān dì dài de lì shí shān pō
区、昆仑山区及中亚高山地带的砾石山坡、

hé tān jí shān pō cǎo dì gāo yuán jiè de shēng mìng lì shí fēn wán
河滩及山坡草地。高原芥的生命力十分顽

qiáng néng zài hǎi bá mǐ de shān qū shēng cún shì
强，能在海拔3 500~5 100米的山区生存，是

生长地海拔最高的
花是什么？

生长地海拔最高的开花植物之一。高原芥高12~30厘米，茎直立，多分枝；叶子呈倒卵形，两面生有单毛；花为总状花序，花期为6~7月，花冠呈白色或浅紫色，直径约为5毫米。

仔细观察

高原芥是一种十字花科的植物。十字花科的成员均为草本植物，叶互生，基生叶呈莲座状；无托叶；花梗不分枝，自下而上有次序地排列着许多有柄小花；花瓣为4片，呈十字形排列。

知识链接

十字花科植物含有浓度较高的芥子油。芥子油的气味对菜粉蝶极具吸引力，它们常将卵产于十字花科植物叶片上，因此我们常常能在十字花科植物身上发现菜青虫。

趣味问答

高山植被是由哪些植物组成的？

高山植被主要是由苔藓、地衣、杂草、小灌木、垫状植物和肉质植物组成的，它们都有很强的抗寒性和抗旱性。

花粉传播速度
最快的植物是什么？

yù shàn jú shì jiā ná dà yì zhǒng cháng jiàn de xiǎo guàn mù　　shǔ
御膳橘是加拿大一种常见的小灌木。属

duō nián shēng pú fú cǎo běn zhí wù　　qí gāo dù yuē wéi　　lí mǐ
多年生匍匐草本植物，其高度约为20厘米，

yù shàn jú de huā duǒ yǒu sì gè jù lǒng zài yì qǐ de huā bàn　　wèi le
御膳橘的花朵有四个聚拢在一起的花瓣，为了

zuì dà xiàn dù de tí gāo shòu fěn de jǐ lù　　zhè xiē huā bàn huì tū rán
最大限度地提高授粉的几率。这些花瓣会突然

打开，使雄蕊上一根有弹性的细丝松开，把花粉囊中的花粉弹向空中。御膳橘弹射花粉的整个过程仅持续0.5毫秒，借助风力，花粉的传播距离可达1米以上，堪称世界上花粉传播速度最快的植物。

趣味问答

除了御膳橘我们身边还有哪些常见的灌木？

玫瑰、杜鹃、牡丹、迎春、月季、茉莉、黄杨都是常见的灌木，在我国，它们主要分布于浙江、江苏、安徽、河南等地。

仔细观察

御膳橘又称加拿大梾木、矮梾木；花朵很小，呈淡黄色，花序周围有四枚稍带粉红色的白色苞片；果实呈红色，簇生。

身边的现象

植物传粉的方式各不相同。利用风作为传粉媒介的花叫作风媒花，利用水作为传粉媒介的花叫作水媒花；利用昆虫作为传粉媒介的花叫作虫媒花。

趣味问答

人工培植的紫藤是如何繁殖后代的?

紫藤可用播种、扦插、压条、分株、嫁接等方法繁殖,其中应用最多的是方便快捷的扦插方式。

最大的
开花植物是什么?

紫藤是一种落叶攀缘性高大木质藤本植物，紫藤广泛分布于我国陕西、河南、河北、广西、贵州、云南等地，春季开花，花呈紫色或深紫色，形似蝴蝶，十分美丽。人们常把紫藤花水焯凉拌或裹面油炸，制成紫萝饼、紫萝糕等风味面食。美国洛杉矶附近的马德雷镇生长着一棵紫藤，其分枝的覆盖面积超过4 000平方米，重量约为225吨，每年开出的花超过150万朵，是世界上最大的开花植物。

知识链接

紫藤为温带植物，对气候和土壤的适应性强，较耐寒，能耐水湿及瘠薄土壤，喜光，较耐阴；紫藤的缠绕能力很强，对周围的植物有绞杀作用。

身边的现象

紫藤对二氧化硫和氧化氢等有害气体有较强的抗性，对空气中的灰尘有吸附能力，在绿化中已得到广泛应用，尤其是在立体绿化中发挥着举足轻重的作用。

什么花最可口？

花椰菜俗称花菜、菜花，它是十字花科植物甘蓝的变种。花椰菜是一种广受人们喜爱的蔬菜，与其他蔬菜不同，花椰菜可供食用的部分是它的花。花椰菜的花是由无数洁白、短缩、肥嫩的花梗、花轴及未分化的花芽聚合而成的花球。花椰菜含有丰富的胡萝卜素、维生素A、B族维生素、维生素C等。其营养物质受热后容易溶出而流失，因此花椰菜不宜高温烹调，也不宜煮食。

趣味问答

花椰菜的祖先是谁？

原产于欧洲的野甘蓝是我们常吃的花椰菜、卷心菜、苤蓝、紫甘蓝等蔬菜共同的祖先。

知识链接

新鲜的花椰菜颜色亮丽，花球紧密结实，花梗比较鲜脆；不新鲜的花椰菜颜色发黄，表面有黑色斑点，花球的边缘部分较为松散。我们应该注意选购新鲜的花椰菜。

资料库

西蓝花和花椰菜一样，也是十字花科植物甘蓝的变种，它的生长习性与形态特征都与花椰菜相似，但花蕾呈青绿色。西蓝花原产于地中海东部沿岸地区，我国现在有少量栽培。

趣味问答

矮牵牛是牵牛花的一种吗?

矮牵牛和牵牛花是两种完全不同的植物,牵牛花是旋花科的植物,矮牵牛则是茄科的植物,与茄子和西红柿是近亲。

什么花 最守时?

牵牛花是常见的观赏花卉，每到夏季，它们就会开出许多像喇叭一样的花朵。牵牛花的花朵总是在黎明四点左右开放，到了上午十点左右则会闭合起来，非常守时。控制牵牛花开闭的是它们体内无形的"时钟"——生物钟。牵牛花的花朵在黑暗的环境中度过8~10个小时候就会竞相开放。如果在天黑前把室外的牵牛花早早搬进暗室，第二天花朵就会提前开放；如果在天黑后延长光照时间，第二天花朵则会开得特别迟。

📝 知识链接

牵牛花原产于美洲的热带地区，喜欢气候温和、光照充足、通风适度的环境，对土壤适应性强，较耐干旱盐碱，不怕高温酷暑，属深根性植物。

仔细观察

牵牛花是一年生或多年生缠绕草本植物，蔓生茎又细又长，长度可达3~4米，全株密被短刚毛，叶互生；花冠呈喇叭状，花色鲜艳美丽；种子可以入药，中医称之为"丑牛子"。

趣味问答

花香是从哪里来的?

　　花的香味来源于花瓣中的一种油细胞,这种细胞能分泌出容易挥发的芳香油。花开的时候,芳香油随着水分一起散发出来,我们就闻到了花香。

什么花 最香?

野蔷薇的花朵也叫白残花、刺蘼，是一种蔷薇科落叶小灌木，大多分布于溪畔、路旁、田边及丘陵地带，通常密集丛生，花朵满枝。这种花花色很多，常见的有白色、浅红色、深桃红色、黄色等；花香十分浓郁，花瓣可用于提取芳香油，具有很高的药用及食用价值。世界上最香的花是一种生长在荷兰的野蔷薇，它的香气可以传到很远。

名词解释

蔷薇是一种喜光植物。喜光植物也叫阳性植物，顾名思义，喜光植物在阳光充足的环境中才能正常生长，在阴蔽环境中则会发育不良甚至死亡。

仔细观察

蔷薇与月季、玫瑰是近亲，它们都是蔷薇属的植物。蔷薇属的植物均为灌木，花瓣5裂或重瓣，花有香气，枝上常生有刺；广泛分布于亚、欧、北非、北美各洲的寒温带至亚热带地区。

什么植物的花最"害羞"?

rén men cháng shuō　　kāi huā jiē guǒ　　　　wú huā guǒ yě bú lì
人们常说"开花结果",无花果也不例

wài　　wú huā guǒ bù jǐn yǒu huā　　ér qiě yǒu xǔ duō huā　　zhǐ bú guò
外。无花果不仅有花,而且有许多花,只不过

tā men de huā duǒ　　hài xiū　　de duǒ jìn le huā tuō lǐ　　wǒ men chī
它们的花朵"害羞"地躲进了花托里。我们吃

de wú huā guǒ bìng bú shì wú huā guǒ de zhēn zhèng guǒ shí　　ér shì tā
的无花果并不是无花果的真正果实,而是它

de huā tuō péng dà xíng chéng de ròu qiú　　wú huā guǒ de huā jiù cáng zài
的花托膨大形成的肉球,无花果的花就藏在

这个肉球里面。如果把无花果切开，用放大镜观察，就可以看到内有无数的小球，小球中央有孔，孔内生长着无数绒毛状的小花，上半部分是雄花，下半部分是雌花，每朵雌花结一个小果实。

趣味问答

无花果是原产于我国的植物吗？

无花果原产于地中海沿岸，唐代时从波斯传入我国，现在全国各地均有栽培，新疆南部尤多。

知识链接

榕小蜂是一种与无花果相依为命的昆虫。榕小蜂的体长只有2~3毫米，它们会通过无花果底部的小孔钻进果实内部产卵，在安置后代的同时也为无花果完成了授粉的工作。

资料库

无花果树形美观，是常见的庭院、公园观赏树木。无花果树的叶片较大，呈手掌状，叶面粗糙，具有良好的吸尘效果；如与其他植物配置在一起，还可以形成良好的防噪声屏障。

什么植物的花
最爱睡觉？

睡莲的花朵都会在清晨开放，在傍晚闭合，像人类的起床、睡觉一样，可以算得上是最爱睡觉的花朵。每当清晨的阳光照在闭合的睡莲上时，花朵外层的花瓣生长速度变慢，内层的花瓣生长速度比外层快，就会把花朵逐渐撑开。到了下午，花朵完全绽放，内层花瓣的生长速度因受到阳光的照射而变慢，背阳的外层花瓣生长速度比内层快，花瓣就会慢慢闭合。

趣味问答

莲花和睡莲的叶子有什么区别？

莲花的成叶挺出水面，叶片呈盾形，没有缺口，表面有茸毛；睡莲的成叶漂在水面上，叶片呈椭圆形，有V形缺口，表面光滑。

知识链接

除了保护娇嫩的花朵，睡莲的开合还与繁殖后代有关。有些睡莲会在闭合时将昆虫关在花里，第二天再打开花瓣，放出身上沾满花粉的昆虫，为自己传粉。

名词解释

生物体的各种生理机能适应外界环境的昼夜变化而建立起的规律周期叫作昼夜节律。发光菌发光、睡莲开合、动物睡眠都是昼夜节律的表现。

趣味问答

植物传播种子的常见方式有哪些？

睡莲、椰子靠水传播种子；红皮柳靠风传播种子；樱桃、葡萄靠动物传播种子；凤仙花则以弹射的方式传播种子。

什么植物的
种子最黏人？

苍耳属于菊科苍耳属，是一种一年生草本植物，原产于美洲和东亚地区，大多生长于山坡、草地或路旁。苍耳全株都有毒，尤以种子毒性最强。苍耳种子的外壳很坚硬，表面长满了小倒钩，可以牢牢地钩住动物的皮毛或人类的衣服，随着动物或人类的活动四处传播，堪称最黏人的植物。像苍耳这样利用动物传播种子的植物还有很多，它们的种子混入羊毛会导致成品质量下降，因此对毛纺织业来说它们是有害的植物。

知识链接

苍耳喜温暖、稍湿润的气候，耐干旱贫瘠，适合在疏松肥沃、排水良好的砂质土壤中生长。其根系发达，入土较深，不容易拔出和清除。

资料库

鬼针草也是一种依靠动物传播种子的植物。鬼针草主要分布于亚洲和美洲的热带及亚热带地区，大多生长于路边荒地、山坡或田间，其种子表面有许多钩刺，能够附着在动物的皮毛上。

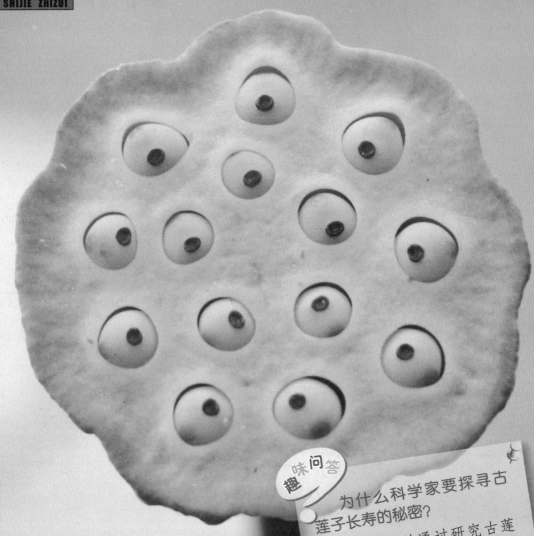

趣味问答

为什么科学家要探寻古莲子长寿的秘密？

人们可以通过研究古莲子，了解生物休眠及物种起源的问题，还可以模拟古莲子外壳的结构来建造粮仓，保存粮食和其他农作物。

什么植物的种子寿命最长？

1952年，中国科学家在辽宁省新金县普兰店的泥炭层中挖掘出了一些古莲子。他们尝试着将其浸泡在水中，可过了20个月还没有一颗古莲子发芽。后来，他们在古莲子坚硬的外壳上钻上个小孔，或者把两头磨掉一两毫米，重新进行培养，没过两天就有许多古莲子长出了嫩绿的幼苗，发芽率高达96%。经中国科学院考古研究所测定，这些古莲子的寿命在830~1 250岁之间，是世界上寿命最长的种子。

仔细观察

普兰店古莲子开出的花朵呈淡红色，其叶片、花朵及其他部分的形状都与现在常见的莲花类似，只是花蕾稍长，花色稍深。

知识链接

莲子之所以能活千年之久，主要是因为它坚硬的外表皮中有栅栏状细胞构成的层间和由纤维素组成的细胞壁，可以完全防止水分和空气的渗透。

趣味问答

为什么斑叶兰的数量特别少？

斑叶兰的种子成活率很低，通常只能采用分株的方式繁殖，因此数量稀少，被列为我国二级保护植物。

什么植物的
种子最小？

人们常用芝麻来比喻微小的物体，但和斑叶兰的种子比起来，它就可以算是庞然大物了。5万粒芝麻的重量约为200克；5万粒斑叶兰种子的重量约为0.025克，仅为芝麻的1/8 000。斑叶兰的种子小得像灰尘一样，在显微镜下才能看清，是世界上最小的种子。斑叶兰种子的构造非常简单，仅有一层薄薄的种皮和一个尚未分化的胚芽，很容易夭折。斑叶兰会产生数量惊人的种子来弥补这一缺陷。

知识链接

斑叶兰是一种兰科多年生草本植物，因绿色的叶片上点缀着白色的不规则点状斑纹而得名。斑叶兰广泛分布于我国各地，大多生长于海拔500~2 800米的山坡或沟谷阔叶林下。

仔细观察

斑叶兰的花期为8~10月，花茎直立，高出叶面许多，每一花序由3~20余朵小花组成；花较小，呈乳白色，质地晶莹，从上往下看形如白鸽，十分有趣。

什么植物的

种子最大？

海椰子又叫海底椰，是塞舌尔普拉兰岛
及库瑞岛的一种特有棕榈。海椰子高25~34
米，生长25年后才开花结果，果实成熟时横
宽40~50厘米，重为15~30千克，是植物王国

中最大、最重的种子。海椰子的果实需要8
年时间才能长成，其果肉在7~9个月大时呈
胶状，可以食用；此后果肉会逐渐变硬。成
熟的海椰子果肉洁
白而坚硬，曾有人
用它冒充象牙，其
硬度可想而知。

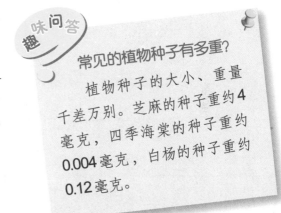

趣味问答

常见的植物种子有多重?

植物种子的大小、重量千差万别。芝麻的种子重约4毫克，四季海棠的种子重约0.004毫克，白杨的种子重约0.12毫克。

资料库

　　海椰子的树叶呈扇形，宽约2米，长约7米，看起来像大象的耳朵一样，因此海椰子又被称为"树中之象"。海椰子的花生于巨大的肉穗花序上，雌雄异株。

仔细观察

　　海椰子的树干十分坚硬，不能随风摇摆。不过它的树干与树根的连接处与我们的关节类似，可以旋转。刮风时海椰子可以随风转动，避免树干被风折断。

什么植物的 结果习性最奇特？

生长在陆地上的植物，几乎都是地上开花、地上结果，唯独花生是地上开花、地下结果，堪称结果习性最奇特的植物。花生花开放当天就会凋谢，几天后，其子房柄会逐渐伸长，向土下生长，在土中结出果实。花生的果实在黑暗的环境中才能正常发育。如果把已经钻入土中的子房柄拔出来，它将不会结果；如果用不透光的材料把尚未钻入土中的子房柄包起来，它就能在地面上结出果实。

趣味问答

为什么不能吃发霉的花生？

花生发霉后会产生致癌性很强的黄曲霉菌毒素，这种毒素耐高温，煎、炒、煮、炸等烹调方法都分解不了它，因此我们不能吃发霉的花生。

 知识链接

　　花生的种子富含油脂，可榨取花生油。花生油气味芳香，是优质的食用油。花生难溶于酒精，我们可以将花生油注入酒精中，通过观察其浑浊程度来鉴定花生油是否纯正。

仔细观察

　　花生的果实为荚果，常见的形状有蚕茧形、串珠形和曲棍形三种。蚕茧形的荚果内通常有2粒种子，串珠形和曲棍形的荚果中通常有3粒或3粒以上种子。

pēn guā shì yì zhǒng hú lu kē de yì nián huò duō nián shēng màn
喷瓜是一种葫芦科的一年或多年生蔓

shēng cǎo běn zhí wù   pēn guā de guǒ shí kān chēng shì jiè shang pí qi
生草本植物。喷瓜的果实堪称世界上脾气

zuì bào zào de guǒ shí   pēn guā de guǒ shí chéng shú hòu   bāo guǒ
最暴躁的果实。喷瓜的果实成熟后，包裹

zhe zhǒng zi de duō jiāng zhì zǔ zhī huì biàn chéng nián chóu de jiāng yè
着种子的多浆质组织会变成黏稠的浆液，

chōng mǎn guǒ shí de nèi bù   qiáng liè de péng yā guǒ pí   guǒ shí
充满果实的内部，强烈地膨压果皮。果实

什么植物的
果实脾气最暴躁？

只要受到轻微触碰就会与果柄分离，其基部则会出现一个小孔。这时，紧绷的瓜皮会"砰"的一声把浆液和种子从小孔中喷射出去，"射程"可达几米甚至十几米远。

仔细观察

喷瓜的根深长粗壮；茎粗糙，有短刚毛，长约1.5米；叶柄稍粗壮，长5~15厘米，密被短刚毛，具纵纹；单叶互生，叶片呈卵状长圆形或戟形，缘锯齿或波状，长8~20厘米，宽6~15厘米。

资料库

喷瓜的果实呈长圆形或卵状长圆形，长4~5厘米，宽1.5~2.5厘米，表面呈苍绿色，粗糙，有黄褐色短刚毛；果实内的黏液具有毒性，应避免直接接触。

趣味问答

哪些常见植物是葫芦科的成员？

葫芦科是最重要的食用植物科之一，瓠瓜、黄瓜、冬瓜、南瓜、丝瓜、西瓜、甜瓜等常见的蔬菜和瓜果都是葫芦科的成员。

什么植物的
种子毒性最强？

趣味问答

蓖麻中毒后应该用哪种药物解毒？

迄今为止，人们还没有研究出针对蓖麻毒素的特效解毒剂。对于蓖麻中毒的患者，医生通常采取洗胃的方法进行救治。

蓖麻是一种大戟科植物，其种子叫作蓖麻子，是世界上毒性最强的种子之一。蓖麻子中含有蓖麻毒素，其主要成分为蓖麻毒蛋白。蓖麻毒素无色无味，它能够抑制蛋白质合成，使红细胞产生凝集现象，导致细胞死亡。蓖麻毒素的毒性约为有机磷农药的300倍、眼镜蛇毒神经毒素的2~3倍，只要70~100微克就足以使人丧命。蓖麻中毒者会出现恶心、呕吐、腹痛、腹泻、便血、头痛、抽搐、昏迷等症状，严重者会很快死亡。

资料库

蓖麻子的含油量高达50%，可榨取蓖麻油。蓖麻油黏度高，凝固点低，既耐严寒又耐高温，是化工、轻工、冶金、机电、纺织、印刷、染料等工业和医药的重要原料。

身边的现象

如果蓖麻子的外壳没有破损，被误食者完整地吞入腹中，通常能平安无事地通过人体消化道排出体外，不会对人体造成损害；如果蓖麻子被嚼碎后吞咽，毒素就会进入人体。

趣味问答

黄瓜的名字是怎么来的？

　黄瓜在西汉时自西域传入我国，人们称之为胡瓜。五胡十六国时期，后赵皇帝石勒忌讳"胡"字，因此将"胡瓜"改称"黄瓜"。

什么植物的
果实所含热量最低？

huáng guā shì yì zhǒng hú lu kē yì nián shēng pān yuán cǎo běn zhí
黄瓜是一种葫芦科一年生攀缘草本植

wù guǎng fàn zhòng zhí yú wēn dài hé rè dài dì qū huáng guā xǐ wēn
物，广泛种植于温带和热带地区。黄瓜喜温

nuǎn bú nài hán lěng dà duō wéi wēn shì chǎn pǐn huáng guā de huā
暖，不耐寒冷，大多为温室产品。黄瓜的花

chéng xiān huáng sè huā guān chéng zhōng xíng cí xióng tóng zhū ér yì
呈鲜黄色，花冠呈钟形，雌雄同株而异

huā guǒ shí chéng yóu lù sè huò cuì lù sè biǎo miàn yǒu xǔ duō róu
花；果实呈油绿色或翠绿色，表面有许多柔

ruǎn de xiǎo cì huáng guā shì yì zhǒng dī rè liàng shí pǐn měi
软的小刺。黄瓜是一种低热量食品，每100

kè huáng guā zhōng jǐn hán yǒu qiān kǎ rè liàng zài suǒ yǒu zhí wù de
克黄瓜中仅含有15千卡热量，在所有植物的

guǒ shí zhōng suǒ hán rè liàng zuì dī huáng guā fù hán shuǐ fèn hé gè lèi
果实中所含热量最低。黄瓜富含水分和各类

wéi shēng sù kě yǐ yān zì jiàng zhì huò xiān shí shì shēn shòu rén
维生素，可以腌渍、酱制或鲜食，是深受人

men xǐ ài de shū cài
们喜爱的蔬菜。

仔细观察

黄瓜的茎、枝细长，表面有棱沟，被白色的糙硬毛；卷须细，不分枝，具白色柔毛；叶柄稍粗糙，被糙硬毛；叶片呈宽卵状心形，膜质，两面甚粗糙，被糙硬毛。

身边的现象

黄瓜中含有丰富的生物活性酶，能促进肌体代谢，用鲜黄瓜汁涂搽皮肤有润肤去皱的美容效果。黄瓜性凉，脾胃虚寒或患慢性气管炎、肠胃溃疡、结肠炎等疾病的人应避免生食。

什么植物的
果实所含热量最高？

鳄梨又名油梨或牛油果，它是一种樟科的常绿乔木，与我们常吃的梨并没有亲缘关系。鳄梨的果实呈梨形，果皮呈黄绿色或红棕色，长8~18厘米，果实中间长有直径3~5厘米的硕大种子。每100克鳄梨中还含有丰富的脂肪酸、蛋白质以及多种维生素，具有很高的营养价值，有"森林奶油"的美誉。鳄梨果仁的含油量很高，可用于榨油。

趣味问答

鳄梨的果仁有什么用？

鳄梨果仁榨取的脂肪油无刺激性，酸度小，有柔和的香气，乳化后可以长期保存，除食用外，还是医药、化妆等产业的重要原料。

知识链接

　　鳄梨原产于墨西哥和中美洲，后在美国的加利福尼亚州被普遍种植，那里现已成为世界上最大的鳄梨产区。人工栽培的鳄梨现在主要有墨西哥系、危地马拉系、西印度系三大种群。

身边的现象

　　鳄梨喜光，喜温暖湿润气候，不耐寒，仅有个别品种可忍受短期低温。鳄梨根浅，枝条脆弱，不能耐强风，大风可导致减产，对土壤适应性较强。

最受欢迎的
饮料植物是什儿？

早在公元前2000年，埃塞俄比亚的阿交
族人就已经在咖法省的热带高原上采摘和种
植咖啡了。相传，有一位牧羊人偶然发现羊吃
了咖啡豆便不停地蹦跳，他好奇地品尝了几

颗，果然兴奋不已。一位阿拉伯商人从中受到启发，调制了咖啡豆肉汤，竟然销路大开。

现在咖啡在世界各地均有种植，每年全世界咖啡的总产量多达550万吨，堪称最受欢迎的饮料植物。

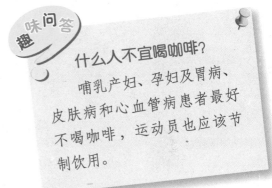

趣味问答

什么人不宜喝咖啡？

哺乳产妇、孕妇及胃病、皮肤病和心血管病患者最好不喝咖啡，运动员也应该节制饮用。

✏️ **知识链接**

咖啡中含有咖啡因，具有提神、兴奋的作用。早晨，可在咖啡中加入牛奶，既能提神，又可补充营养；工作后喝杯咖啡可消除疲劳，振奋精神；饭后喝杯咖啡可促进胃肠蠕动，帮助消化。

✔️ **仔细观察**

咖啡树为茜草科常绿灌木，人工栽培的咖啡因常常剪修，高度一般不超过2米。咖啡树种植三四年后才会开花；其果实呈卵圆形，刚形成时呈深红色，成熟后逐渐变成深紫红色。

趣味问答

红树的名字是怎么来的？

红树的树皮可以提炼出棕红色的染料，因此被人们称为"红树"。

什么植物的
种子最舍不得妈妈？

红树是生长在热带、亚热带海岸泥沼地带的一类小乔木。红树有发达的根系，树干上还生有许多支柱根，因此能在其他植物难以立足的海滩上生存。红树堪称最恋家的植物。

红树的果实成熟后，种子就在果内发芽，长成长20~40厘米的圆柱形小棒，挂满枝头。待胚发育成熟后，它们才会从母株上脱落，靠重力下坠，直插在海边的烂泥上；几小时后它们就会长出根，成为一株幼树。

🖱 **身边的现象**

红树因为其奇特的繁殖方式而被称为"胎生植物"。没能插入泥中的红树苗，会随水漂流到别的海滩定居。红树苗中含有大量的单宁，可以防止其腐烂或被海里的动物吃掉。

🖱 **身边的现象**

红树的根能抵抗盐分，并从海水中吸收养分。它的叶子很硬，有很厚的蜡质表皮和反光的结构，能有效保存体内的水分；叶片中的排盐腺能把多余的盐分排出体外。

亩产量最高的农作物是什么？

红薯也叫番薯或甘薯，它是旋花科的一年生蔓生草本植物，其长度可达2米以上，叶片一般为椭圆形，花冠呈粉红色、白色或紫色，埋在地下的块根多为椭圆形。红薯的块根是制造淀粉的主要原料，也可食用、酿酒或制造饲料。红薯是世界上亩产量最高的农作物，春薯亩产量最高可达15 000千克，夏薯亩产量最高可达6 000千克。

趣味问答

为什么食用红薯后容易胃酸？

红薯的含糖量较高，大量食用会刺激胃酸分泌，使人感到胃酸。吃红薯时搭配一点咸菜，可以有效地抑制胃酸。

📖 **资料库**

红薯原产于南美洲，由哥伦布引入欧洲。16世纪初，红薯在西班牙已有广泛种植。后来红薯又经西班牙水手之手传入了菲律宾，进而传至亚洲各地；大约在16世纪末传入我国。

📱 **身边的现象**

红薯中含有一种氧化酶，这种酶会在人的胃肠道里制造大量二氧化碳气体，因此大量食用红薯后，我们经常会感到腹胀，有时还会不停地打嗝或放屁。

145

什么植物的果实最温暖?

mián huā shì yì zhǒng jǐn kuí kē zhí wù de zhǒng zi xiān wéi yuán
棉花是一种锦葵科植物的种子纤维,原

chǎn yú rè dài dì qū zuì chū wéi duō nián shēng mù běn zhí wù hòu
产于热带地区,最初为多年生木本植物,后

lái jīng guò yǐn zhǒng xùn huà chéng wéi yì nián shēng cǎo běn zuò wù mián huā
来经过引种驯化成为一年生草本作物。棉花

de guǒ shí wài xíng xiàng táo zi suǒ yǐ bèi jiào zuò mián táo mián táo
的果实外形像桃子,所以被叫作棉桃。棉桃

成熟后会自然裂开，露出长2~4厘米、白色或白中带黄的柔软纤维，其中藏有棉花的种子。棉花纤维是制造棉布的主要原料，因此棉花有"衣料之源"的美誉。以棉花纤维为填充物的衣物保暖性很好，因此棉桃称得上最温暖的果实。

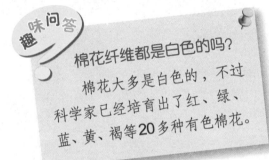

趣味问答

棉花纤维都是白色的吗？

棉花大多是白色的，不过科学家已经培育出了红、绿、蓝、黄、褐等20多种有色棉花。

身边的现象

棉桃中的棉花纤维要经过复杂的加工才能变成棉布。人们采摘棉花后，要先把棉花籽去掉，再用纺车把纤维纺成棉纱，最后用织布机把棉纱织成棉布。

资料库

棉花纤维不仅能纺纱，还是制造炸药、塑料和药棉的重要原料；棉花的种仁可榨取棉籽油；茎部的韧皮纤维可制造绳子和造纸；根部可入药，有补虚、平喘、调经等功效。

什么植物的果实最辣？

là jiāo shì yì zhǒng qié kē là jiāo shǔ zhí wù yuán chǎn yú zhōng
辣椒是一种茄科辣椒属植物，原产于中

nán měi zhōu rè dài dì qū qí guǒ shí tōng cháng chéng yuán zhuī xíng huò
南美洲热带地区，其果实通常呈圆锥形或

cháng yuán xíng wèi chéng shú shí chéng lǜ sè xǔ duō zhǒng lèi chéng shú
长圆形，未成熟时呈绿色，许多种类成熟

hòu huì chéng xiān hóng sè huò huáng sè là jiāo shì yǐ là ér wén míng de
后会呈鲜红色或黄色。辣椒是以辣而闻名的

植物，不同品种的辣椒辣度不同。印度东北部地区生长着一种奇辣无比的辣椒，当地人将其称为"魔鬼辣椒"。经吉尼斯世界纪录认证，魔鬼辣椒的辣度超过100万史高维尔，是世界上最辣的果实。

趣味问答

吃过辣椒怎么才能去除口中的辣味？

吃过辣椒后，用糖水或高度白酒漱口即可达到解辣的效果。

名词解释

标示辣椒、葱、蒜、姜等食物辣度的单位"史高维尔"是由美国化学家史高维尔在1912年发明的。史高维尔表示辣椒以几倍的水稀释，才能使舌尖感受不到辣味。

资料库

辣椒的果肉中含有一种叫作辣椒素的生物碱，它是辣椒辣味的来源。辣椒素具有刺激肾上腺素分泌、加速新陈代谢、降低血小板黏性等功效，广泛应用于食品保健、医药工业等领域。

什么植物的 果实最香？

百香果也叫西番莲，是一种西番莲科的藤本植物。百香果原产于安的列斯群岛，现已广植于热带和亚热带地区；其植株寿命约为20年，经济寿命约为8~10年。百香果的果汁可散发出番石榴、菠萝、香蕉、草莓、柠檬、杧果、酸梅等十多种水果的浓郁香味，堪称世界上最香的果实。百香果既可鲜食，也可加工成果酱、果冻、冰激凌等食物，其风味独特，深受人们喜爱。

趣味问答

百香果是如何繁殖的？

百香果的繁殖方法主要有两种，一种是用种子直接播种繁殖，另一种则是用蔓条扦插繁殖。

 仔细观察

　　百香果长约6米；茎具细条纹，无毛；花瓣5枚，与萼片等长；基部呈淡绿色，中部呈紫色，顶部呈白色；果实为浆果，呈卵球形，直径约为3~4厘米，无毛，熟时呈紫色。

身边的现象

　　百香果适应广、粗壮易长、无病虫害、抗热耐寒，喜欢阳光充足、气候温和的环境，适宜种植于排灌条件良好、坡度较小的坡地或旱地，土壤越肥沃挂果越多。

什么植物的果实脂肪

含量最高？

hé tao yòu chēng hú táo qiāng táo shì yì zhǒng hú táo kē
核桃又称胡桃、羌桃，是一种胡桃科

zhí wù hé tao de guǒ shí shì shì jiè shang zhī fáng hán liàng zuì gāo de
植物。核桃的果实是世界上脂肪含量最高的

guǒ shí měi kè hé tao zhōng hán yǒu kè zhī fáng kè
果实，每100克核桃中含有70克脂肪、19克

dàn bái zhì kè tàn shuǐ huà hé wù chú cǐ zhī wài hái hán
蛋白质、10克碳水化合物，除此之外，还含

yǒu gài   lín   tiě děng wēi liàng yuán sù   yǐ jí hú luó bo sù
有钙、磷、铁等微量元素，以及胡萝卜素、

hé huáng sù děng wéi shēng sù   jù yǒu hěn gāo de yíng yǎng jià zhí   hé
核黄素等维生素，具有很高的营养价值。核

tao kě yǐ jiǎn shǎo cháng dào duì dǎn gù chún de xī shōu   duì dòng mài yìng
桃可以减少肠道对胆固醇的吸收，对动脉硬

huà   gāo xuè yā hé guān xīn bìng
化、高血压和冠心病

rén yǒu yì   hé tao hái kě yǐ
人有益；核桃还可以

rù yào   yǒu bǔ shèn   gù jīng
入药，有补肾、固精

qiáng yāo   wēn fèi dìng chuǎn
强腰、温肺定喘、

rùn cháng tōng biàn de gōng xiào
润肠通便的功效。

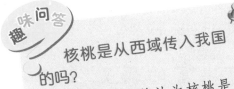

趣味问答

核桃是从西域传入我国的吗？

考古学家曾认为核桃是张骞从西域带回我国的，后来，我国河北省磁山遗址出土了8000年前的核桃壳，这证明核桃是我国的本土植物。

身边的现象

核桃喜光、喜水、喜肥，耐寒、耐旱，抗病能力强，能在多种土壤中生长，尤其喜欢石灰性土壤，在自然状态下常生长于山区河谷两旁土层深厚的地方。

仔细观察

核桃根据品种不同，树高2~10米不等，树冠广阔；树皮幼时灰绿色，老时则呈灰白色而纵向浅裂；小枝无毛，具光泽；叶为奇数羽状复叶，长25~30厘米。

luó xuán zǎo shì lán zǎo jiā zú de yì yuán tā men shì
螺旋藻是蓝藻家族的一员，它们是

yóu dān xì bāo huò duō xì bāo zǔ chéng de sī zhuàng tǐ cháng
由单细胞或多细胞组成的丝状体，长

wēi mǐ kuān wēi mǐ xíng zhuàng hěn xiàng
300~500微米，宽5~8微米，形状很像

yuán zhù xíng luó xuán zhuàng de zhōng biǎo fā tiáo luó xuán zǎo zhōng hán
圆柱形螺旋状的钟表发条。螺旋藻中含

yǒu fēng fù de zǎo lán dàn bái píng jūn měi kè luó xuán zǎo
有丰富的藻蓝蛋白，平均每100克螺旋藻

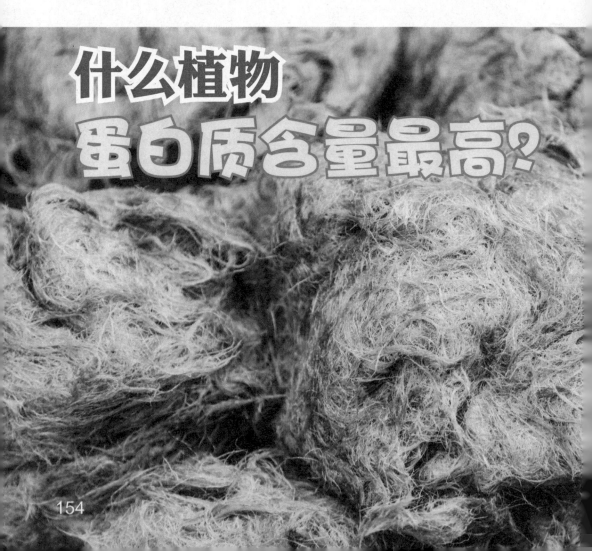

什么植物
蛋白质含量最高？

中含有60~70克蛋白质，而蛋白质含量最高的肉类食物——鸡肉，每100克中仅含19.3克蛋白质。螺旋藻既是世界上蛋白质含量最高的植物，也是蛋白质含量最高的天然食物。

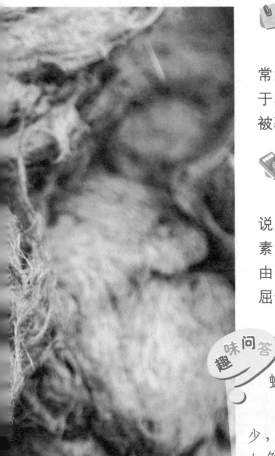

身边的现象

螺旋藻在淡水和海水中都能生存，常浮游生长于中、低潮带海水中或附生于其他藻类和附着物上，形成青绿色的被覆物。

资料库

螺旋藻是一种接近于动物的植物。说它是植物，是因为它具有丰富的叶绿素，能进行光合作用；说它是动物，是由于其藻体喜欢独立游离，并能作扭转屈伸运动。

趣味问答

螺旋藻是什么颜色的？

根据体内藻红素和藻蓝素含量的多少，螺旋藻可以呈现蓝绿色、黄绿色、紫红色等多种颜色。

趣味问答

为什么地衣很少生长在城市里？

地衣虽然能够忍受干旱、寒冷和高温，对空气污染却特别敏感，因此在人口稠密、工业发达的城市中很难找到地衣。

什么植物
生命力最顽强？

地衣是世界上生命力最顽强的植物。我们身边的土壤和树干、裸露的岩壁、炎热的沙漠、寒冷的两极，甚至是海龟背上都有地衣的身影。科学家在试验中发现，地衣能在 -268℃ 的低温环境中生长，在真空环境中能存活6年。与其他植物不同，地衣是由真菌和藻类共同组成的。其中真菌负责吸收水分和无机盐，藻类负责用叶绿体进行光合作用，制造养分。真菌和藻类的紧密合作正是地衣生命力顽强的原因。

知识链接

地衣是依靠真菌产生的孢子来繁殖后代的，藻类则不参与繁殖。孢子随风飘荡，与合适的藻类细胞相遇后就会发育成新的地衣。此外，地衣也能通过芽体和碎片进行繁殖。

资料库

如果把地衣中的真菌和藻类分开培养，藻类能够生长繁殖，而真菌则无法生存。因此也有一些科学家认为地衣中真菌和藻类的关系是寄生而不是共生。

泥炭藓是一种生长在沼泽地区或森林洼地的苔藓植物，亚洲、欧洲、美洲及大洋洲均有分布。它们平时呈淡绿色，干燥时呈灰白色或黄白色，通常大面积丛生，呈垫状。泥炭藓体内有特殊的储水细胞，

什么植物
吸水能力最强？

tā men néng xī shōu zì shēn zhòng liàng　　　bèi de shuǐ fèn　　qí
它们能吸收自身重量10~25倍的水分，其

xī shuǐ néng lì bǐ qí tā tái xiǎn zhí wù qiáng shù bèi zhì shù shí bèi
吸水能力比其他苔藓植物强数倍至数十倍，

shì shì jiè shang xī shuǐ néng lì zuì qiáng de zhí wù　　ní tàn xiǎn jīng
是世界上吸水能力最强的植物。泥炭藓经

guò cháng qī chén jī hòu kě xíng chéng ní tàn　　　tā shì méi huà chéng dù
过长期沉积后可形成泥炭，它是煤化程度

zuì dī de méi
最低的煤。

仔细观察

泥炭藓质地柔软，茎直立，高8~20厘米，枝丛疏生，每丛具2~3条倾立的强枝及1~2条下垂的弱枝。茎叶呈阔舌形，长1~2毫米，宽0.8~0.9毫米，边缘向内卷曲。

知识链接

泥炭藓经过消毒，可代替脱脂棉作为伤口敷料使用。泥炭藓含有泥炭藓酚、丁香醛及多种酶，具有收敛和杀菌的作用，能够促进伤口愈合。

趣味问答

泥炭藓大量生长对森林又有什么危害？

泥炭藓的吸水能力很强，因此它在森林地区大量生长，常常会将森林变为沼泽。

最古老的绿色植物是什么？

néng yòng zì shēn yōng yǒu de yè lǜ sù jìn xíng guāng hé zuò yòng zhì
能 用自身 拥有的叶绿素进行 光合作用制

zào yǎng fèn   dú lì fán zhí   bù yī kào qí tā shēng wù zì yíng shēng
造养分 ， 独立繁殖 ， 不依靠其他生物自营生

huó shì lǜ sè zhí wù zuì jī běn de tè zhēng   lán zǎo shì shì jiè shang
活是绿色植物最基本的特征。蓝藻是世界上

zuì gǔ lǎo   zuì yuán shǐ de lǜ sè zhí wù   tā shì suǒ yǒu zhí wù de
最古老、最原始的绿色植物，它是所有植物的

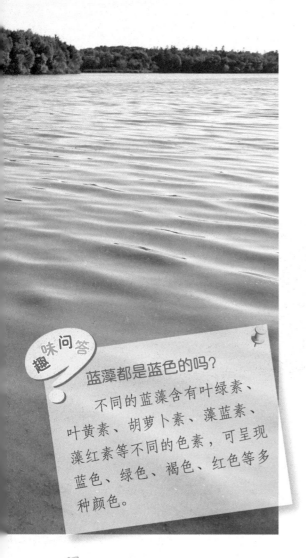

祖先。早在33亿~35亿年前，蓝藻就出现在地球上了；现在它的子孙仍然作为繁殖能力最强的水生植物之一，活跃在自然界的各个角落。蓝藻是单细胞生物，没有细胞核，但细胞中央含有核物质，因此人们将其称为"原核生物"。

趣味问答

蓝藻都是蓝色的吗？

不同的蓝藻含有叶绿素、叶黄素、胡萝卜素、藻蓝素、藻红素等不同的色素，可呈现蓝色、绿色、褐色、红色等多种颜色。

身边的现象

在一些营养丰富的水体中，有些蓝藻常常会在夏季大量繁殖，并在水面形成一层蓝绿色、有腥臭味的浮沫，人们将其称为"水华"；大规模的蓝藻爆发则被称为"绿潮"。

知识链接

蓝藻的繁殖方式有两类，一类为营养繁殖，其中包括细胞直接分裂、群体破裂和丝状体产生藻殖段等几种方式；另一类为孢子生殖，即产生内生孢子或外生孢子进行无性繁殖。

趣味问答

褐藻为什么是褐色的？

　　褐藻门植物体内叶黄素的含量通常比其他色素高，因此藻体呈黄褐色或深褐色。

最大的
藻类植物是什儿？

藻类植物种类繁多，目前已知的种类约有3万种，主要包括金藻门、黄藻门、硅藻门、甲藻门、褐藻门、红藻门、裸藻门、轮藻门、蓝藻门九个门的植物。巨藻是一种褐藻类植物，它与海带是近亲，但体型比海带大得多。巨藻的重量约为180千克，长度约为100米，最长可达300~400米，是世界上最大的藻类植物。巨藻的生长速度很快，每天大约能长长30~60厘米，全年都能生长；其寿命为4~8年，最长可达12年。

仔细观察

巨藻的固着器直径可达1米，柄有韧性，可弯曲，柄上生有许多叶片，每个叶片有一个叶柄，叶柄中央是一个直径约为3厘米、长约7厘米的气囊，它能让藻体浮在海面上。

资料库

褐藻家族中的海带、鹿角菜、裙带菜、羊栖菜均可食用或药用；马尾藻可做饲料或肥料，还可提取褐藻胶、甘露醇、氯化钾、碘、褐藻淀粉等工业原料。

分布地区最靠北的森林是什儿？

趣味问答

针叶林中生活着哪些动物？

驼鹿、马鹿、狼獾、貂、猞猁、松鼠、花鼠等哺乳动物及松鸡、榛鸡、三趾啄木鸟、交嘴雀、松鸦等鸟类是针叶林地带的代表性动物。

针叶林是指由云杉、冷杉、落叶松等树叶细长如针的耐寒树种组成的森林。其中，云杉和冷杉组成的针叶林内部常年阴暗，被称为阴暗针叶林；松树和落叶松组成的针叶林内部阳光充足，被称为明亮针叶林。针叶林主要分布于寒温带地区，寒温带针叶林是世界上分布最靠北的森林，它的北界就是森林的北界。寒温带以外的地区也分布着很多不同类型的针叶林，但其面积均远远小于寒温带针叶林。

✏️ **知识链接**

寒温带也叫亚寒带，指年平均气温低于0℃，同时最热月的平均气温高于10℃的地区。寒温带与寒带的区分在于，寒带的最热月平均气温低于10℃。

📙 **资料库**

针叶林地带的冬季悠长寒冷，夏季短促潮湿，树种组成单调，地面覆盖很厚的苔藓地衣，灌木和草本植物稀少，冬季积雪很深，动物的生存条件不如其他森林带，因此种类较少。

帕多瓦植物园是世界上现存最古老的植物园，它建立于1545年，至今仍对外开放。帕多瓦植物园位于意大利北部，目前占地面积约为22 000平方米，其中温室面积为500平方米。

帕多瓦植物园建立后发展迅速，至1552年，园

世界上哪个
植物园最古老？

内已种植超过1 500种不同的植物。1997年，联合国教科文组织将帕多瓦植物园作为文化遗产，列入了《世界遗产名录》。随着公众科学素养的不断提高，帕多瓦植物园不断发展壮大，目前园内大约收集有6 800种植物。

知识链接

帕多瓦植物园是帕多瓦大学的一座大学植物园。帕多瓦大学成立于1222年，它是欧洲仅次于博洛尼亚大学和巴黎大学的第三古老的大学，也是意大利最大的大学之一。

名词解释

植物园既是调查、采集、鉴定、引种、驯化、保存和推广利用植物的科研单位，也是向群众普及植物科学知识、供群众游憩的园地。植物园大多由大学或专门的科学研究机构管理。

趣味问答

中国的第一座植物园是哪座植物园？

中国现代植物园建立较晚，建立于1906年的清农事试验场附设的植物园是中国的第一座植物园。

趣味问答

种子为什么会休眠?

许多种子成熟后, 即使在适宜的环境也不能萌发, 这种现象叫作种子休眠。种子休眠主要由种皮障碍和种子内部含有抑制种子萌发的物质两类原因引起。

植物最有力量的
器官是什么?

种子萌发是指种子从吸胀作用开始的一系列有序的生理过程和形态发生过程。种子萌发时需要适合的温度、水分、空气，种子浸水后，种皮膨胀、软化，可以使更多的氧气透过种皮进入种子内部，种子内部的二氧化碳则能通过种皮排出。种子不断地进行呼吸，得到能量，才能保证生命活动的正常进行。种子吸胀时会产生很大的力量，甚至可以把玻璃瓶撑碎。可以说种子是植物最有力量的器官。

身边的现象

种子在离开母体后，超过一定的时间就会丧失生命力而无法萌发。不同植物种子的寿命差异很大：柳树约为12小时，花生约为1年，小麦和水稻约为3年，白菜和蚕豆约为5~6年。

知识链接

有完整且有生命力的胚、有足够的营养储备、不处于休眠状态是种子萌发需要满足的自身条件；适宜的温度、一定的水分、充足的空气是种子萌发需要满足的环境条件。

成员最多的植物类群是什儿？

被子植物是植物中最高级的一类，也是地球上最完善、适应能力最强、出现时间最晚、种类最多的植物。自新生代以来，被子植物就在地球上占据着绝对优势。现在已知的被子植物共有1万多属、20多万种，约占植物种类总数的一半。被子植物又叫开花植物，它们拥有真正的花，花是它们繁殖后代的重要器官，也是它们区别于裸子植物及其他植物的显著特征。被子植物的繁盛与其结构的复杂化、完善化是分不开的。

趣味问答

被子植物是什么时候出现在地球上的？

花粉和树叶化石表明，早在1.2亿~1.35亿年前的白垩纪被子植物就出现在地球上了。

知识链接

被子植物与裸子植物统称为种子植物，它们的共同特征是都具有种子这一构造；它们最主要的区别是被子植物的种子外有果皮包被，裸子植物的种子则没有。

仔细观察

被子植物的习性、形态和大小差别很大。被子植物大多直立生长，但也有缠绕其他植物或匍匐生长的种类；通常含叶绿素，能自己制造养料。

森林覆盖率

最高的国家是哪个?

趣味问答

苏里南的森林是由哪些植物组成的?

苏里南的海岸地带多红树林，内地森林则以常绿植物为主，其中有300多种为世界珍贵树种，如蛇绞木、绿心木、硝皮木和弯刀豆木等。

苏里南的全称是苏里南共和国，它位于南美洲北部，东邻法属圭亚那，南接巴西，西连圭亚那，北濒大西洋，属热带雨林气候，年平均气温23℃~27℃。地势南高北低，北部是沿海低地，多沼泽；中部为热带草原；南部为丘陵和低高原。苏里南的国土面积约为16.4平方千米，其中森林面积约占95%，森林覆盖率居世界第一位，有"森林之国"的美誉。

名词解释

森林覆盖率指一个国家或地区森林面积占国土面积的百分比，它是反映一个国家或地区森林面积占有情况或森林资源丰富程度及实现绿化程度的重要指标。

资料库

目前世界平均森林覆盖率约为31%，中国的森林面积约为208万平方千米，森林覆盖率约为21.63%，远低于全球平均水平。

地球上物种最丰富的

区域是什么？

热带雨林是地球上最繁茂的森林植被，也是物种最丰富、层次结构最复杂的区域。热带雨林雨量充沛，水分充足，土壤肥沃，有利于植物的生长。繁盛的植物为食草动物提供了充足的食物，食草动物又能养活众多食肉动物，因此热带雨林中的物种特别丰富。正如英国生物学家华莱士所说，一个旅行家想在一片热带雨林里找到两棵同种的树木简直是徒劳。

趣味问答

为什么热带雨林被誉为"地球之肺"？

热带雨林中的树木非常茂密，它们在进行光合作用时能吸收二氧化碳，释放出大量氧气，因此有"地球之肺"的美誉。

知识链接

　　热带雨林地区的地形复杂多样，既有散布岩石小山的低地平原，也有溪流纵横的高山峡谷。形形色色的地貌造就了神奇的雨林奇观，树林、藤萝、花草依势而生，编织出了一座座绿色迷宫。

名词解释

　　热带雨林气候主要分布于赤道两侧，南、北纬10°之间的区域；其特征为终年高温多雨，各月平均气温在25℃～28℃之间，年降水量可达2 000毫米以上，季节分配均匀，无干旱期。

哪种植物
最离不开水？

shuǐ shēng zhí wù yǔ lù shēng zhí wù xiāng duì yì bān zhǐ shēng huó
水生植物与陆生植物相对，一般指生活

zài shuǐ zhōng de zhí wù tā men zhǐ yǒu zài shuǐ zhōng huò shuǐ fèn bǎo hé
在水中的植物。它们只有在水中或水分饱和

de tǔ rǎng zhōng cái néng zhèng cháng shēng zhǎng kān chēng zuì lí bù kāi shuǐ
的土壤中才能正常生长，堪称最离不开水

de zhí wù shuǐ shēng zhí wù de xì bāo jiàn xì tè bié fā dá tōng
的植物。水生植物的细胞间隙特别发达，通

cháng hái fā yù yǒu tè shū de tōng qì zǔ zhī
常还发育有特殊的通气组织，

yǐ bǎo zhèng zhí zhū de
以保证植株的

shuǐ xià bù fen néng yǒu zú gòu de yǎng qì
水下部分能有足够的氧气。

shuǐ shēng zhí wù shēng huó zài
水生植物生活在

shuǐ li bú bì dān xīn shuǐ fèn sàng shī
水里，不必担心水分丧失，

yīn cǐ tā men de biǎo pí biàn
因此它们的表皮变

de jí báo kě yǐ zhí jiē cóng shuǐ zhōng xī shōu shuǐ fèn hé yǎng fèn
得极薄，可以直接从水中吸收水分和养分。

rú cǐ yì lái shuǐ shēng zhí
如此一来，水生植

wù de gēn yě zhú jiàn shī qù
物的根也逐渐失去

le yuán yǒu de xī shōu yǎng fèn
了原有的吸收养分

de gōng néng zhǔ yào qǐ gù
的功能，主要起固

dìng zhí zhū de zuò yòng
定植株的作用。

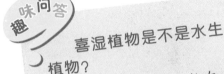

趣味问答

喜湿植物是不是水生植物？

喜湿植物通常生长在水池或小溪边湿润的土壤中，它们的根部不能浸没在水中，不是真正的水生植物。樱草、落新妇、玉簪花都是典型的喜湿植物。

资料库

水生植物的通气组织有开放式和封闭式两大类。荷花的通气组织为开放式，空气可通过叶片上的气孔进入根部的气室；金鱼藻的通气组织为封闭式，它不与外界大气连通，只用于贮存光合作用产生的氧气。

仔细观察

水生植物的叶片通常分裂成带状或丝状，这使得叶片表面积大幅度增加，有利于吸收阳光以及溶解在水中的无机盐和二氧化碳。

趣味问答

中国有哪些常见的植被类型？

寒温带落叶针叶林、温带针阔叶混交林、温带落叶阔叶林、亚热带常绿阔叶林、热带季雨林和热带雨林都是中国常见的植被类型。

所处纬度最高的植被类型是什儿？

地表各处受到的太阳辐射强度不同，其中离赤道越近的地方得到的热量越多，离两极越近的地方得到的热量越少。植物的生长与太阳辐射密不可分，因此太阳辐射强度不同的地方生长的植物种类也不同，从赤道向两极依次组成热带雨林、亚热带常绿阔叶林、温带落叶阔叶林、寒温带针叶林、苔原带、冰原带。冰原带占据了南极大陆及格陵兰岛的大部分地区，它是所处纬度最高的植被类型。

🖱 身边的现象

　　冰原带全年冰雪覆盖，气候严寒，植物非常稀少，仅有少数藻类和地衣生长在高出冰雪的山崖和岩石上。生活在冰原带的动物也十分稀少，南极大陆甚至没有陆生哺乳动物。

✏ 知识链接

　　气候类型和植被类型存在对应关系，例如热带雨林气候对应热带雨林带；亚热带季风气候对应亚热带常绿阔叶林带；苔原气候对应苔原带；亚寒带针叶林气候对应亚寒带针叶林带。

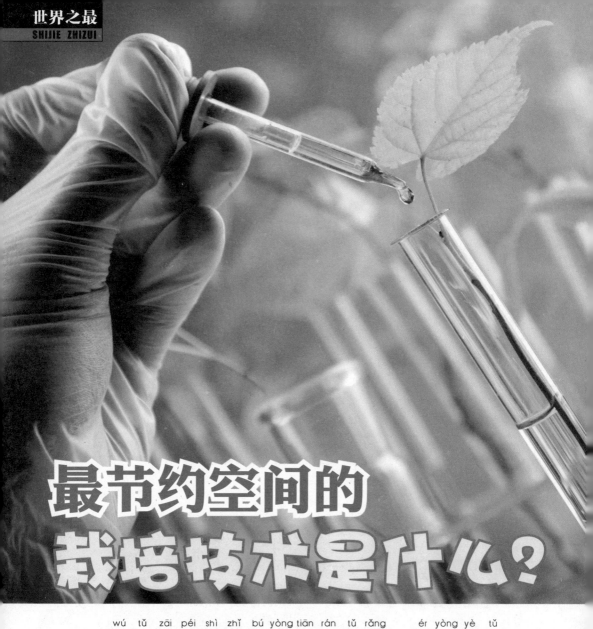

最节约空间的
栽培技术是什么?

　　　wú tǔ zāi péi shì zhǐ bú yòng tiān rán tǔ rǎng　　　ér yòng yè tǔ
无土栽培是指不用天然土壤，而用叶土、

zhì shí　　　ní tàn děng qīng zhì cái liào gù dìng zhí zhū　　　bìng shǐ qí gēn
蛭石、泥炭等轻质材料固定植株，并使其根

xì jìn rù yíng yǎng yè zhōng　　　zhí jiē xī shōu shuǐ fèn hé yíng yǎng de xiàn
系浸入营养液中，直接吸收水分和营养的现

dài huà zāi péi jì shù　　　wú tǔ zāi péi shǐ zuò wù dé yǐ tuō lí tǔ rǎng
代化栽培技术。无土栽培使作物得以脱离土壤

huán jìng shì zuì jié yuē kōng jiān
环境，是最节约空间

hé zī yuán de zāi péi jì shù
和资源的栽培技术。

duì yú gēng dì kuì fá de dì qū
对于耕地匮乏的地区

hé guó jiā lái shuō qí yì yì
和国家来说，其意义

shí fēn zhòng dà cǐ wài wú
十分重大。此外，无

tǔ zāi péi hái bú shòu kōng jiān xiàn
土栽培还不受空间限

zhì kě yǐ lì yòng chéng shì lóu
制，可以利用城市楼

fáng de píng miàn wū dǐng zhòng cài
房的平面屋顶种菜

zhòng huā zài wú xíng zhōng kuò dà
种花，在无形中扩大

le zuò wù de zāi péi miàn jī
了作物的栽培面积。

趣味问答

无土栽培技术是什么时候被发明的？

无土栽培技术是一位美国农学家在1929年发明的，当时他在水溶液中种出了一株高达7米的西红柿，这一成就被誉为20世纪最伟大的发现之一。

身边的现象

多年的实践证明，大豆、菜豆、豌豆、小麦、水稻、燕麦、甜菜、马铃薯、甘蓝、莴苣、番茄、黄瓜等作物，无土栽培的产量都比土壤栽培高。

资料库

无土栽培技术的节水效果非常明显。曾有科研部门进行过大棚黄瓜无土栽培试验，46天中仅使用营养液21.7立方米，若进行土培，则需要消耗50~60立方米的水。

趣味问答

叶绿素和叶绿体有什么关系?

叶绿体是植物细胞中负责进行光合作用的细胞器,叶绿素则是叶绿体中的重要成分。

什么物质对植物最重要?

光合作用即光能合成作用，指绿色植物和某些细菌，在可见光的照射下，经过光反应和碳反应，利用光合色素，将二氧化碳和水转化为有机物，并释放出氧气的生化过程。光合作用是一系列复杂的代谢反应的总和，是生物界赖以生存的基础，也是地球碳氧循环的重要媒介。叶绿素是与光合作用有关的最重要的色素，所有能进行光合作用的生物体，包括绿色植物、原核生物和真核生物的生存都离不开叶绿素。

知识链接

某些古代真核生物靠吞噬其他生物维生，它们吞下的蓝藻没有被消化，反而依靠吞噬者的生活废物制造营养物质。在长期共生过程中，这些蓝藻演化成了叶绿素，植物也由此产生。

名词解释

真核藻类是一类没有根、茎、叶分化，能进行光合作用的低等自养真核植物，它们出现于14亿~15亿年前，少数种类有表皮层、皮层和髓的分化。

树林中的氧气何时最多？

植物每时每刻都在进行呼吸作用，与人类一样，植物在呼吸时也会消耗氧气，产生二氧化碳。在光照充足的环境中，植物光合作用产生的氧气量多于呼吸作用消耗的氧气量，此时植物会向周围释放氧气。在光照不足或暗黑的环境中，植物不能进行光合作用，就不会释放氧气，而且还会不断消耗周围的氧气。每天傍晚，树林中积聚着树木光合作用产生的氧气，此时含氧量最高；每天清晨，经过一夜的消耗，树林中的含氧量会降至最低。

趣味问答

有没有会在夜间释放氧气的植物？

凤梨、仙人掌、芦荟等植物白天只吸收太阳光能，不进行气体交换，晚上才打开气孔，吸收二氧化碳，释放白天光合作用积贮的氧气。

✏️ 知识链接

植物的光合作用为呼吸作用提供了物质基础，呼吸作用为光合作用提供了能量和原料，二者是相互对立、相互依存、互为条件的两个过程。

🐁 名词解释

呼吸作用是生物体在细胞内将有机物氧化分解并产生能量的化学过程，是所有的动物和植物都具有的一项生命活动，具有十分重要的意义。

图书在版编目（CIP）数据

发现植物 / 梦琳主编. -- 北京 ：知识出版社，
2015.8
　（世界之最）
　ISBN 978-7-5015-8748-3

　Ⅰ．①发… Ⅱ．①梦… Ⅲ．①植物－少儿读物 Ⅳ.
①Q94-49

中国版本图书馆CIP数据核字(2015)第182762号

选题策划 ：刘　瑞
责任编辑 ：张　磐
封面设计 ：李　婧

知识出版社出版发行

（北京阜成门北大街 17 号 邮政编码 ：100037 电话 ：010-88390732 ）

http://www.ecph.com.cn

晟德（天津）印刷有限公司

开本 ：720mm×960mm　1/16　印张 ：12　字数 ：80 千字
2015年10月第1版　　2018年11月第3次印刷
ISBN 978-7-5015-8748-3

定价 ：42.00元